BLUE BOOK OF NINGXIA'S

ECOLOGICAL CIVILIZATION

宁夏生态文明蓝皮书

★ 宁夏社会科学院蓝皮书系列 ★

丛书主编 张 廉

BLUE BOOK OF NINGXIA'S

ECOLOGICAL CIVILIZATION

2016

宁夏生态文明蓝皮书

主编 郭正礼 李文庆

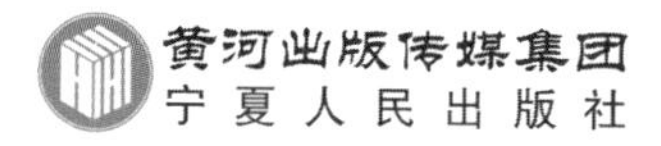

图书在版编目(CIP)数据

2016宁夏生态文明蓝皮书 / 郭正礼,李文庆主编. — 银川:宁夏人民出版社,2015.12

(宁夏社会科学院蓝皮书系列 / 张廉主编)

ISBN 978-7-227-06265-3

Ⅰ.①2… Ⅱ.①郭… ②李… Ⅲ.①生态文明—建设—白皮书—宁夏—2016 Ⅳ.①X321.243

中国版本图书馆CIP数据核字(2015)第318946号

宁夏社会科学院蓝皮书系列　　张　廉　主编
2016宁夏生态文明蓝皮书　　郭正礼　李文庆　主编

责任编辑　管世献　王　艳
封面设计　闫青华
责任印制　肖　艳

黄河出版传媒集团
宁夏人民出版社　出版发行

出 版 人　王杨宝
地　　址　银川市北京东路139号出版大厦(750001)
网　　址　http://www.yrpubm.com
网上书店　http://www.hh-book.com
电子信箱　renminshe@yrpubm.com
邮购电话　0951-5052104
经　　销　全国新华书店
印刷装订　宁夏精捷彩色印务有限公司
印刷委托书号　(宁)0000166

开　本　720mm×980mm　1/16
印　张　14
字　数　220千字
印　数　2000册
版　次　2016年1月第1版
印　次　2016年1月第1次印刷
书　号　ISBN 978-7-227-06265-3/X·38

定　价　42.00元

目 录

总 报 告

综合研究篇

专题研究篇

案例研究篇

区域研究篇

附　　录

总 报 告

“美丽宁夏”建设研究总报告

李文庆　张玉龙　李晓明

建设“美丽中国”，就是要把生态文明建设的理念、目标、原则、方法融入经济发展、环境保护、人文建设的全过程和各个方面，最终实现人与自然、人与社会、人与人、人与自身的和谐发展。党的十八届五中全会要求牢固树立创新、协调、绿色、开放、共享的发展理念，自治区党委提出建设“开放宁夏、富裕宁夏、和谐宁夏、美丽宁夏”的目标，开启了宁夏经济社会与生态文明建设和谐发展的崭新征程。宁夏的生态文明建设也是国家“两屏三带”生态安全战略的重要组成部分，对于“美丽中国”建设、保障国家生态安全以及宁夏经济社会可持续发展具有重要的现实意义。

一、“美丽宁夏”建设现状与成效

（一）宁夏生态环境状况

宁夏位于黄河中上游，总面积6.64万平方公里。地处我国东部季风区与西北干旱区的过渡地带，全区86%的地区年降水量在300毫米以下，其地貌特征和自然地理分区大体可以分为山、沙、川三种类型，大陆性气候

作者简介　李文庆，宁夏社会科学院农村经济研究所所长，研究员；张玉龙，宁夏环境监测中心站副站长；李晓明，宁夏社会科学院农村经济研究所助理研究员。

影响较大，缺林少绿。宁夏南部山区沟壑纵横、水土流失严重；中部沙区干旱少雨、风大沙多，沙质荒漠化面积达 1.65 万平方公里，占全区总面积的 32%；北部引黄灌区沙化、盐碱化问题突出。宁夏生态环境十分脆弱，加之人类的不合理活动，如草原滥垦、过牧、森林乱伐等，引发草地退化、土地沙化、水土流失等生态破坏问题，使得人与生态环境的矛盾尖锐突出。

（二）“美丽宁夏”建设现状

1. 宁夏生态环境质量

2014 年，宁夏全区生态环境质量指数（EI）值为 48.91，较 2013 年（47.98）上升了 0.93。根据《生态环境状况评价技术规范》中的生态环境状况分级标准，宁夏生态环境质量级别为“一般”，全区“植被覆盖率中等，生物多样性处于一般水平，较适合人类生存，但有不适合人类生存的制约性因子”。全区 19 个市县的生态环境质量 EI 值介于 43.56~81.83，其中：生态环境质量为“优”的市县 1 个，为泾源县；生态环境质量为“良”的市县 4 个，分别是隆德县、贺兰县、盐池县和银川市区；其余 14 个市县生态环境质量为“一般”，是宁夏国土面积的 77.12%。

2. 宁夏水环境质量

2014 年，宁夏全区水环境质量例行监测断面（点位）共 47 个。其中地表水（包括黄河干流、支流和湖泊）监测断面 23 个，入黄河排水沟监测断面 11 个，监测城市集中式饮用水水源地 13 个。

2014 年，黄河干流宁夏段检测的断面中，中卫下河沿、金沙滩、叶盛公路桥、银古公路桥断面均为Ⅱ类优质水，Ⅱ类水质断面占 66.7%，较 2013 年提高 16.7 个百分点；平罗黄河大桥和麻黄沟断面为Ⅲ类良好水质，Ⅲ类水质断面占 33.3%，其余断面水质类别无明显变化。黄河干流宁夏段中卫下河沿入境断面为Ⅱ类水质，至麻黄沟出境断面降为Ⅲ类水质，黄河在宁夏 397 公里流程内水质降低了 1 个类别。

2014 年，全区监测的 7 个重要湖泊水体水质总体为轻度污染。石嘴山市沙湖、星海湖水质均有所下降，其中沙湖水质类别由Ⅲ类降为Ⅳ类，影响水质类别主要指标为总磷、石油类和化学需氧量；星海湖水质类别由Ⅲ类降为Ⅳ类，影响水质类别主要指标为氟化物、总磷和化学需氧量；其他湖泊水质类别无明显变化。银川市艾依河、吴忠市清宁河水质状态均由中营养降为轻度富营养；其余湖泊水体营养状态均无明显变化。

3. 城市环境空气质量

2014年，按照《环境空气质量标准》评价，全区5个地级市达标天数（优良天数）比例范围为63.0%~87.2%，平均达标天数比例为76.6%。与2013年相比，银川市达标天数增加了23天，空气质量有所改善。

2014年宁夏空气环境质量优良天数

单位：天

城市	监测天数	优良天数（二级或好于二级）	优良天数比例	优（一级）	良（二级）
银川市	365	274	75.1%	11	263
石嘴山市	365	230	63.0%	8	222
吴忠市	365	288	78.9%	23	265
固原市	343	299	87.2%	24	275
中卫市	363	289	79.6%	13	276

资料来源:宁夏环境保护厅《2014年宁夏环境质量状况》。

4. 沙尘天气影响环境空气质量

2014年，受不利气象条件影响，宁夏全区共出现沙尘天气6次，其中浮尘（一级沙尘天气）4次、扬沙（二级沙尘天气）2次。与2013年相比，首次沙尘天气发生时间推迟了11天，沙尘天气频次减少了2次，其中沙尘暴（三级沙尘天气）减少2次，污染强度明显减弱。

（三）“美丽宁夏”建设取得的成效

多年来，宁夏回族自治区党委、政府高度重视生态文明建设，提出“抓生态建设就是抓发展”，“加强生态建设是落实科学发展观的具体体现”的重要理念，特别是自治区党委十一届三次全会提出建设“美丽宁夏”的宏伟目标，既是落实“美丽中国”的重要组成部分，也必将推动宁夏经济社会与生态环境的和谐发展。

1. 推进生态移民和退耕还林还草“两大项目”建设

宁夏中南部地区生态环境脆弱，大部分地区不适宜人类生存。由于不断增加的人口与有限的耕地之间的矛盾日渐突出，加上粗放的生产经营方式，以至原本就非常脆弱的生态环境进一步恶化。从20世纪80年代开始，宁夏先后组织实施了引黄灌区吊庄移民、“1236”工程、异地移民搬迁、中部干旱带县内生态扶贫以及精准扶贫等工程，累计移民78.58万人，其中县外搬迁62.5万人，县内搬迁16.08万人。宁夏实施生态移民工程，既是宁夏贫困地区生态环境保护的客观需要，也是实现贫困地区农民脱贫致富的重要渠道。“十二五”期间，宁夏共投资105.8亿元，极大地改善了生态承载能力，有效地改善了民生，从根本上解决了山川发展不平衡、不协调、不可持续的问题。

突出抓好退耕还林还草工程。宁夏在全国率先实施全境封山禁牧，扎实推进“退耕还林还草”工程，使全区天然植被得到有效恢复，植被覆盖率大幅度提高，因土地沙化和水土流失所造成的自然灾害明显降低。退耕还林还草人均面积0.78亩，位列全国第一，是全国25个退耕还林还草任务省区人均退耕面积0.15亩的5.2倍。宁夏将退耕还林还草工程与小流域综合治理、生态林业工程、农田基本建设、扶贫开发与“少生快富”等工程有机结合，改善生态环境，提高了农业综合生产能力，促进了贫困地区特色优势产业的发展，维护了贫困地区的社会稳定。

2. 加快禁牧封育、防沙治沙、湿地保护、绿化美化“四大工程”建设

宁夏积极推进禁牧封育、防沙治沙、湿地保护、绿化美化四大生态建设工程，构筑我国西北地区重要的生态安全屏障。一是持续推进禁牧封育工程。宁夏从2003年5月1日起实行全境封山禁牧以来，呈现了“生态恢复、生产发展”的良好局面，实施了“南部山区草畜产业工程”“百万亩人工种草工程”“十万户贫困户养羊工程”等，出台了《宁夏禁牧封育条例》，确保“封得死，禁得住，不反弹”，做到常抓不懈。二是稳步推进防沙治沙工程。荒漠化不仅严重制约着宁夏经济社会的健康发展，而且严重影响着国家生态安全和人民生产生活。宁夏全面推进全国防沙治沙综合示范区建设，在全国率先以省为单位全面实行禁牧封育，并采取工程措施和生物措施相结合的举措来加强荒漠化防治，为实现治沙利益的最大化，吸引社会力量防沙治沙，宁夏通过政策机制引导，形成了多元化的治沙主体，是全国最早实现人进沙退的省区。三是突出抓好生态林业工程。宁夏各级林业部门牢固树立尊重自然、顺应自然、保护自然的生态文明理念，积极

转变林业发展方式，大力推进生态林业发展，重点建设以六盘山、贺兰山、中部防沙治沙和以宁夏平原为骨架的“两屏两带”生态安全屏障。四是推进湿地保护工程。宁夏湿地可划分为 4 大类 14 个类型，全区湿地面积 20.67 万公顷，占全区土地总面积的 5.3%，高出全国平均水平 1.6 个百分点。宁夏共建立湿地类型自然保护区 4 处，其中国家级自然保护区 1 处，为哈巴湖国家级自然保护区。自治区级自然保护区 3 处，分别为沙湖、青铜峡库区和西吉震湖自然保护区。国家湿地公园 2 处，为石嘴山星海湖国家湿地公园和银川国家湿地公园（包括银川阅海湿地公园、银川鸣翠湖湿地公园 2 个园区）。建立国家湿地公园试点 5 处，分别是黄沙古渡、吴忠黄河、青铜峡鸟岛、天湖、清水河。

3. 打造沿黄城市带绿色景观、贺兰山东麓生态产业、中部干旱带防风固沙和六盘山生态保护“四大绿色长廊”

宁夏打造沿黄城市带绿色景观、贺兰山东麓生态产业、中部干旱带防风固沙和六盘山生态保护“四大绿色长廊”，在西部地区构建起一道绿色生态安全屏障。一是打造沿黄城市带绿色景观。在发挥黄河堤岸护岸林自身生态防护功能的基础上，挖掘黄河景观文化内涵，创造独特的河滨景观，并为滨河生态旅游线打下坚实的基础。二是打造贺兰山东麓生态产业。宁夏贺兰山东麓三面环沙，光照充足，植物生长季节温度适宜，昼夜温差大，被国内外公认为世界上最适合种植优质酿酒葡萄的地区之一，自治区加大财政支持力度，规划到 2020 年建成贺兰山东麓百万亩葡萄文化长廊，使之成为宁夏一张靓丽的生态产业名片。三是打造中部干旱带防风固沙长廊。宁夏中部干旱带地形复杂，沟壑纵横，风沙大、降雨少、蒸发量大，植被生长季节短，长期受干旱少雨、风沙危害等困扰，宁夏在中部干旱带实施的退牧还草工程，充分发挥草原自我修复功能，走农林牧结合、草畜一体化的路子，大力培育特色林业产业，实现了治理速度大于沙化速度的历史性转变。四是打造六盘山生态保护长廊。宁夏六盘山地区的生态建设工作，随着生态移民、退耕还林、天然林保护和三北防护林建设工程的实施，森林资源总量大幅度增加，生态环境得到明显改善，为南部山区的发展注入了新活力。

4. 突出抓好节能减排工作，强化水、大气、土壤的污染防治

宁夏以发展循环经济为突破口，以重点领域节能减排为着力点，认真贯彻落实国家节能减排“十大铁律”，大力实施重点节能减排工程，积极推广节能减排新技术、新工艺，加快发展新能源产业，节能减排工作取得显著成效。先后淘汰了小火电、小煤矿、水泥、造纸以及一批铅冶炼、原油脱水、味精、洗煤、黏土砖、碳素、活性炭等行业落后生产能力。资源综合利用已从传统的建材产品，扩展到利用共生、伴生矿产资源，废水(液)、废气、废渣，以及再生资源领域，资源综合利用率达到63.12%。规模以上发电企业全部安装脱硫设施，造纸制浆企业全部安装碱回收装置，全面完成国家“十二五”节能降耗目标任务。宁夏建立并实施了节能降耗预警机制，从2010年不再审批、核准、备案高耗能、高污染项目和产能过剩项目，对没有通过环评、节能审查和土地预审的项目一律不得开工建设，加快淘汰落后产能步伐，强化监督管理和减排措施，实现了主要污染物排放总量由增到减的历史性转折。

宁夏在全面深化生态环境保护的同时，全力推进水、大气和土壤污染综合治理三项重点工作。在水污染治理方面：宁夏利用环境约束，加快产业转型升级，加强对重点区域、重点行业、重点企业的监控，加大对偷排漏排的处罚力度，以黄河干流、支流及主要排水沟为重点，实施城镇污水处理厂提标改造和医药、造纸、化工、淀粉等行业废水深度处理，全力推进工业园区废水集中处理。实施农村饮用水水源地保护、生活垃圾和污水处理、农业面源污染防治工程，确保入黄水质达到Ⅲ类。在大气污染治理方面：经过多年努力，宁夏基本消除重污染天气，全区环境空气优良天数逐年提高，银川市等重点区域环境空气质量明显改善。通过集中供热、“煤改气、煤改电”等措施，强化多污染物协同减排，推进电力、钢铁、水泥、有色冶金等行业企业及燃煤锅炉污染治理设施建设与改造，确保达标排放。严格按照主体功能区规划要求，明确区域产业发展定位，重点建设项目原则上布局在优化开发区和重点开发区，坚决控制火电、钢铁、造纸、印染等高污染项目的建设，加快高污染企业搬迁改造。在加强土壤污染治理方面：对粮食主产区、蔬菜基地、葡萄种植基地等重要敏感区加强跟踪

监测，采取更加严格的环境保护措施，加强重金属企业污染源管理和监控，加强危险化学品环境风险防控，加强重点区域污染防治和固体废物防治，进一步抓好生态环境保护。

二、“美丽宁夏”建设的主要任务和重点工程

（一）“美丽宁夏”建设的主要任务

1. 大力实施产业结构调整

结合自治区工业转型升级和结构调整，明确现有各个区域、园区的产业功能定位和产业准入，加快现有产业结构升级。采用土地置换、政府补助等手段逐步将污染企业搬离市区，推动其向工业园区集中，减少市区环境污染，腾出空间和环境容量，扭转宁夏资源能源消耗过多、环境压力趋增的产业格局。

2. 强化生态环境保护

按照主体功能区定位，突出生态环境保护，优化开发区域，控制建设用地增长，以“蓝天工程”“水污染防治”等工程为抓手，强化水土资源和大气环境治理、自然生态空间修复等。城镇空间要着重加强生产、生活污水和垃圾的无害化处理，农业空间重点加强面源污染控制和土壤污染的治理，生态空间主要减轻生产、生活对生态环境的压力。

3. 划定生态红线区域

结合《宁夏回族自治区主体功能区规划》的实施，在全面分析和把握宁夏自然生态本底和特点的基础上，尽快明确宁夏生态红线区域的类型、范围、管控措施、责任主体和监管体制，建立生态红线区域保护清单和行业准入负面清单。

4. 积极推进城乡一体化

推进和加快基础设施建设，推动城市基础设施向农村延伸、公共服务向农村覆盖、现代文明向农村辐射。拆建城中村，改造老旧小区，探索老旧小区物业管理模式，着手建立长效管理机制。

5. 探索生态补偿机制

根据国家主体功能区的划分，宁夏中南部地区基本上被划定为限制开

发区和禁止开发区，要牢固树立“资源有价”“生态补偿”的理念，实行资源有偿使用制度和生态补偿制度。坚守生态保护、耕地、水资源三条红线，全面实施退耕还林、天然林保护、湿地保护等重点生态工程，深入推进林权制度改革，加快建立生态补偿机制，增加国家补偿范围，实行最严格的林草保护制度，巩固退耕还林成果，使生态补偿成为生态建设的有效保证和稳定农民增收的有效途径，为“美丽宁夏”建设做出积极贡献。

6. 开展碳汇交易试点

碳汇林业是指以吸收固定二氧化碳，充分发挥森林的碳汇功能，降低大气中二氧化碳浓度，减缓气候变化为主要目的的林业活动。碳汇交易试点，通过建立森林碳信用登记系统、森林碳信用流转及保护系统，建设森林碳汇交易中心，并将在宁夏自上而下建起森林碳汇管理机构和监测体系，并定期向社会公报碳汇建设成果。在宁夏中南部地区生态移民和退耕还林建设已取得重大成效的基础上，将宁夏中南部地区特别是“三河源”地区的林地、草地等生态系统纳入碳汇交易系统，利用市场机制，让生态建设更多地造福当地百姓，不断发挥这一区域重要的“碳库”作用，提高碳汇功能，增强适应气候变化能力，通过“美丽宁夏”建设，实现经济发展、生态改善、人民生活水平提高的“一举多赢”。

（二）“美丽宁夏”建设的重点工程

“美丽宁夏”建设是一个长期任务，是一项复杂的系统工程。在“十三五”期间，实施一批重点工程，推进“美丽宁夏”建设。

1. 建设“绿色宁夏”

以建设生态示范区为目标，以造林绿化为重点，努力提高生态空间比重，改造生态空间质量，构建黄河及小流域沿岸、农田、铁路、干线公路绿化带，大力建设“三北”防护林，构建生态屏障网络格局，增强生态服务功能，保障区域生态安全。坚持生态建设产业化，坚持增绿增收并重、造林造景并举、绿化美化并行，依托国家实施的退耕还林、三北防护林、天然林保护等重点林业工程，认真组织实施自治区“六个百万亩”生态林业建设项目，加快造林绿化步伐，大幅提高森林覆盖率。

2. 建设“净化宁夏”

坚持经济发展与环境保护协调发展、节能减排与环保设施同步推进，大力发展循环经济，实施蓝天碧水扩容提质工程，努力为山川各地创造一个清洁的环境。实施节能减排工程，确保完成化学需氧量、氨氮、二氧化硫、氮氧化物、烟尘和粉尘排放总量控制任务。强化结构减排，从源头控制污染物排放，促进重点产业的结构调整，加大淘汰落后产能力度。强化工程减排，实施电力等重点行业脱硫、脱硝“双脱”工程，实现煤炭、焦化、电力、冶金、化工、建材等重点行业“全脱硫”。加快电力、焦化、钢铁、造纸等工业企业污水深度处理，基本实现污水闭路循环。推进宁东能源化工基地节能减排工作，坚持科学发展，扩大总量、提升质量和优化结构、转型升级并重，开发建设与环境保护有机结合，大力发展循环经济，实现经济、资源与环境协调发展。

3. 建设“健康宁夏”

树立“以健康为中心”的理念，改善城乡生态环境，不断提高人民群众的生活质量和健康水平。实施城乡环境治理工程，改善大气环境质量，在城市推行“绿色清洁施工”，控制扬尘污染和机动车尾气排放，全面提升空气质量。推进城中村环境综合治理工程，大力改善城乡结合部环境质量。实施“美丽乡村”建设，加强农村环境保护，着力解决农村安全饮水、清洁能源、卫生公厕、污水和垃圾处理等问题，不断改善农村人居环境。进一步完善疾病预防控制体系，加强重大疾病以及突发公共卫生事件预警和处置能力建设。积极开展形式多样的全民健身活动和群众性体育活动，加强公共体育设施建设，建立完善的国民体质监测服务体系，大力发展公共体育事业。倡导健康的生活方式，开展健康教育和促进工程，倡导健康文明的低碳生活方式，形成良好的饮食、健身和心理习惯。

三、“美丽宁夏”建设的实施路径

（一）加快“美丽宁夏”示范区建设

“美丽宁夏”建设要实施“双核”战略，形成以沿黄经济区为经济发展核心区，以中南部地区为生态建设核心区，经济发展与生态环境建设并重，努力建设我国生态文明示范区、国际适应气候变化示范区和国际防沙治沙示范区。

1. 建设我国生态文明示范区

宁夏水资源短缺，中南部地区基本上被确定为限制开发区和禁止开发区，要在建设生态文明、美丽宁夏上下功夫，按照把宁夏全区当作一个城市来规划建设的思路，制订《宁夏空间发展战略规划》，把区域功能、城市带、铁路公路轴线以及产业布局、生态保护红线等科学规划好，按照规划搞好沿黄城市带、村镇、道路、工业园区、景观等的建设，建设美丽的新宁夏，将宁夏建设成为我国生态文明示范区。

2. 建设国际适应气候变化示范区

全球气候变化是人类共同面临的巨大挑战，应对气候变化，不仅要减少温室气体排放，也要采取积极主动的适应行动，通过加强管理和调整人类活动，充分利用有利因素，减轻气候变化对自然生态系统和社会经济系统的不利影响。宁夏是我国第一个将适应气候变化写入中长期发展规划的省区，并在适应气候变化方面进行了一些探索，取得了积极成效。适应气候变化涉及农、林、水、公共健康、建筑、交通等方方面面，既是一个战略性问题，又是一个操作性问题。开展适应气候变化工作必须科学把握气候变化趋势、系统收集气候变化影响数据、准确评估气候变化风险以及各领域气候适应性变化情况，推动重点领域节能，实施工业锅炉（窑炉）改造、热电联产、电机系统节能、余热余压利用等重点节能工程建设，推广节能技术与节能产品，推行节能市场机制，发展循环经济。要将适应气候变化作为部门规划、区域规划的核心目标之一，探索生态补偿机制，开展碳汇交易试点，推动宁夏国际适应气候变化示范区建设。

3. 建设国际防沙治沙示范区

防治沙漠化和防沙治沙，是人类面临的共同难题。经过多年持续不懈的努力，宁夏成为全国第一个实现"人进沙退"省区，开创了草方格、沙生植物栽培等多项防沙治沙技术，建成了世界上第一所以防沙治沙为重点的生态工程学校——宁夏葡萄酒与防沙治沙职业技术学院。在现有已取得防沙治沙成效的基础上，要加强与"一带一路"沿线国家在防沙治沙领域的交流合作，充分利用“两种资源、两个市场”，将宁夏的防沙治沙技术输出到中东、北非等沙漠化灾害比较严重的国家，强力推动宁夏“走出去”和“南南合作”战略，建设国际防沙治沙示范区。

（二）优化国土空间布局

近年来，宁夏经济社会发展取得了长足的进步，但由于多年形成的空间格局不清晰、城乡关系不协调、交通地位边缘化等一系列矛盾，严重制约着全区的科学发展。建设“美丽宁夏”是宁夏科学发展的一个重要契机，要以科学的态度、完善的规划为引领，优化国土空间布局，使宏伟蓝图成为人民看得见、摸得着的工程，全区上下共同建设“美丽宁夏”。优化国土空间布局，要以山脉为国土的“骨骼”，土壤为国土的“皮肤”，黄河及其支流为国土的“血脉”，森林为国土之“肺”，湿地为国土之“肾”，努力建设美好家园。

近年来，宁夏实施的沿黄城市带建设、宁南区域中心城市和大县城建设，初步形成了“一体两翼”的城市发展格局。按照“把宁夏作为一个大城市来规划建设”的思路，构建以沿黄城市带为核心区，大县城、重点镇、中心村点线结合、良性互动的城乡一体化新格局，使宁夏的城市化、新型工业化、农业现代化及生态文明建设同步推进。宁夏坚持全面推进沿黄经济区发展和中南部地区扶贫开发，坚持生态文明、环保优先理念，统筹山川城乡协调发展、绿色发展，通过编制空间发展战略规划，构建“一主三副，核心带动；两带两轴，统筹城乡；山河为脉，保护生态”的总体空间布局，按照全区一盘棋的思路，形成“都市区、副中心城市、县城、重点镇、中心村”配置合理的城镇体系，打造向西开放的空间布局。通过优化国土空间布局，集约利用土地资源，积极实施水资源保护，合理开发利用矿产资源，构建起科学合理的城镇化格局、经济发展格局和生态安全格局。

（三）推进城市生态化建设

城市是以人类社会进步为目的的一个集约人口、资源、环境的空间地域系统，是一个融经济、政治、文化、社会和生态发展为一体的综合有机体，集中了一个地区最先进、最重要的部分，代表着一个地区国民经济的发展水平和方向。城市生态化建设是人类文明演进到生态文明时代的产物，是在生态文明思想指导下的城市建设。城市生态化建设包括三个层次：第一层次为自然地理层次，内容是城市生态系统保持协调、平衡，城市发展对自然资源的消耗能够实现地尽其能、物尽其用；第二层次为社会功能层次，内容是调整城市的社会结构及功能，优化城市子系统之间的关系，增强城市社会系统的功能；第三层次是文化意识层次，内容是培养人的生态意识，变外在控制为内在调节，变自发行为为自觉行为，人的创造力和生产力得到最大限度的发挥，环境质量得到最大限度的保护。要实现城市生态化建设，必须坚持“绿色、低碳、洁净、健康”的发展理念，加快构建资源节约、环境友好的生产方式和生活方式，努力建设现代化、生态化的美丽城市。

1. 建设森林城市

城市森林不同于传统意义上强调林地面积和林分结构的森林概念，它强调的是以森林、树木为主体的绿化模式，片林、林带、林网相连的网络布局，自然林为主与园林景观点缀相结合的配置结构，森林、树木与城市建筑相互掩映的森林效果。推进森林城市建设，不仅能够改善城市生态环境，提高市民生活质量，更能促进城市乃至区域经济可持续发展。要综合考虑城市地域的森林布局，片、带、网相结合，建设城乡一体化的森林生态系统。重点建设城郊结合部防护林带的建设，形成森林围城的城市森林建设格局。加快城市周边地区生态风景林、森林公园的建设，满足人民群众生态休闲、观光旅游的需求。注重城市建成区内部绿化量的增加，重视乔木、乡土树种、地带性植被的使用。沿黄城市群灌溉条件较好，要加强环城、城郊及城市内部的森林覆盖。中南部地区水资源较为匮乏，应结合退耕还林，加强城市周边地区的森林覆盖。在森林城市建设中还应考虑农民的经济收入，积极探索具有宁夏特色的以林养林建设模式，在城市森林建设中吸收城郊农民、南部山区移民参加森林城市建设，探索出生态林与产业林、民生林相结合，绿色城市建设与农民增收相结合的建设模式。

2. 建设清洁城市

实施环境容量总量控制，严格煤炭、焦炭、冶金、电力、化工、建材等“两高”产业准入门槛，加快淘汰落后产能，积极发展低碳、环保型产业。积极实施重点行业和重点领域节能减排工程，大幅降低能源消耗强度和二氧化碳排放，有效控制二氧化硫、化学需氧量、氮氧化物、氨氮以及烟尘、粉尘等主要污染排放。推进城市各类污染防治，集中治理燃煤污染、机动车污染、城中村大气污染，推动大气质量改善。加大黄河及小流域综合治理，加强城市污水治理，强化工业及生活污水排放监管，改善城市水域环境质量，提高城市水体景观建设水平，使城市水域水质达到相应水体功能区的标准，促进绿地形成完善的植被结构和更为强大的生态功能。加强城市垃圾分类收集、储运和无害化处理及回收利用设施建设，促进垃圾源头减量，提高垃圾资源化利用水平，进一步净化城市环境。

3. 建设绿色生活城市

绿色生活方式作为一种与可持续发展的伦理价值相适应和相协调的生活方式应运而生，它的直接目标就是倡导绿色而低成本的生活，使人们既能对生活方式进行自我选择，同时又能将这种选择保持在合理限度之内，绿色生活不仅是选择对环境有利的行为方式，它还包括良好的生活习惯。开展生态社区建设，培育居民低碳、循环、绿色的生活方式和消费习惯，不乱扔垃圾、少用化学药剂、选择无氟产品，大力推广使用节能灯具、节水器具和节能家电等绿色家具用品。公共照明采用绿色照明系统，建立社区中水处理系统和雨水收集利用系统，全力推进绿色城市和节约型城市建设。

（四）加强工业领域生态环境建设

发展循环经济，走新型工业化道路是我国经济转型升级的主要路径选择，宁夏自然生态脆弱，且与东部发达省区经济发展水平相比存在事实上的差距。因此，宁夏区情决定了经济社会发展在实施追赶战略的同时，必须要强化节能减排，大力发展循环经济。

1. 提高能源矿产资源利用率

以煤炭能源为主是宁夏能源工业的特点，提高能源矿产资源利用率，一是采掘工业综合开采，在开采煤炭资源的同时，将与煤伴生的矿产品、煤层气等多种资源综合开采，加工利用。二是对矿产资源进行深度加工，延长产业链，增强资源利用水平，提高附加值，重点发展煤电、煤化工等产业。三是高效利用资源，将矿产资源开采和洗选过程中产生的废弃物进行综合利用，创造更高的经济效益，间接降低能源消耗水平。

2. 加大电力工业的资源开发力度

“开发和节约并重”是我国的基本能源方针，宁夏电力工业的资源开发与节能同等重要。通过矸石电厂的建设，积极利用煤矸石、煤泥等低热值燃料生产电力。大力发展热电联产的发电模式，逐步取缔那些热效率低、污染环境的工业供热和民用采暖小锅炉。鼓励大中型企业利用废气、余热、余压建设资源综合利用电厂，改进电厂的设备质量，减少电厂的自用电。宁夏风能资源比较优越，应逐步提高风能发电量，加快可再生能源生产企业的发展。

3. 切实降低高耗能行业能源消耗水平

宁夏高耗能行业所占比重大，致使工业经济能源消耗整体水平较高，必须切实降低高耗能行业能源消耗水平。火电工业要发展高参数、大容量火电机组，推进循环流化床等洁净煤发电示范工程。电解铝工业要发展大型预焙槽，提高电流效率。铁合金工业要按照国家产业政策，淘汰耗能高、污染重的矿热炉，支持企业选用大型、全封闭矿热炉。合成氨工业要鼓励发展大型煤头合成氨，中型煤头合成氨继续推广中—低—低交换流程、流化床锅炉改造、高位热能综合利用等先进技术。

4. 加强重点工业工程领域的升级改造

一是实施燃煤工业锅炉（窑炉）改造工程，可以通过实施以燃用优质煤、筛选块煤、固硫型煤和采用循环流化床、粉煤燃烧等先进技术改造或替代现有中小燃煤锅炉（窑炉），建立科学的管理和运行机制，提高燃煤工业锅炉效率。二是加快节约和替代石油工程，在电力、石油石化、冶金、建材、化工和交通运输行业通过实施以洁净煤、石油焦、天然气替代燃料油工程。实施机动车燃油经济性标准及相配套政策和制度，采取各种措施节约石油。实施清洁汽车行动计划，发展混合动力汽车，在城市公交客车、出租车等推广燃气汽车。加快煤炭间接液化工程建设进度，积极采用醇类等替代燃料。三是实施电机系统节能工程。目前，宁夏各类电机实际运行效率比全国水平低 10~30 个百分点，用电量占宁夏全区工业用电量的 60%左右，通过重点推广高效节能电动机、稀土永磁电动机，在煤炭、电力、冶金、石化等行业实施高效节能风机、水泵、压缩机系统优化改造，推广变频调速、自动化系统控制技术，提高电机运行效率。

5. 加强资源综合利用，大力发展循环经济

宁夏工业能耗高、产出低的另一个原因是能源浪费严重，能源产出效率低，通过加强能源的综合利用，降低工业能耗水平。发电、石化、煤化工、冶金、建材、造纸、发酵等企业生产过程中产生大量的余气、余热和余压，要综合利用这些余能资源，支持企业发展多联产项目，通过余热集中供热、供气，发展热电联产项目，将煤化工企业荒废煤气进行综合利用，鼓励企业实施干法熄焦以及煤气回收利用。通过地面煤层气开发及地面采空区、废弃矿井和井下瓦斯抽放工程等手段，提高工业余能综合利用水平，降低工业能源消耗水平。

（五）大力推进“美丽乡村”建设

党的十八大提出了“大力推进生态文明建设，努力建设美丽中国”的奋斗目标，全国掀起了“美丽乡村”建设的热潮。建设美丽乡村既是贯彻落实党的十八大精神的具体实践，也是落实党的农村政策、实现城乡一体化发展、促进农村城镇化发展的重大举措。宁夏已被列为国家农村环境连片整治试点示范省区，40%以上的农村人居环境得到了极大改善。实施农村环境连片整治，其目标即示范区域的农村环境污染治理设施趋于完善，污染物排放量有效削减，农村环境质量明显改善，农村环境管理机制逐步健全。

1. 实施农村饮用水源地保护工程

对农村水源地划分相应保护范围，配套相应保护措施，治理污染源，消除农村饮用水安全隐患。

2. 实施农村生活垃圾处理工程

因地制宜开展农村污水、垃圾污染治理，采用“户分类，村收集，镇

中转”的城乡生活垃圾一体化处置模式，进行生活垃圾收集、转运设施等建设，使示范区内农村生活垃圾得到妥善处理，推广农村生活垃圾资源化利用，加强粪便的无害化处理，推广无害化卫生厕所。

3. 实施农村生活污水处理工程

建设一批符合农村特点、集中与分散相结合的污水处理系统，使示范区内农村生活污水得到妥善处理，治理设施长期稳定运行，污水达标排放。

4. 实施畜禽养殖污染整治工程

通过修建沼气池和利用生物发酵床养殖技术改造养殖栏舍等，对养殖废弃物做到无害化处理和资源化利用。

5. 加强南部山区生态恢复与治理

以保护和恢复生态系统功能为重点，营造人与自然和谐的生态环境，大力实施中南部山区移民迁出区生态修复，实施退耕还林还草及后续产业工程，积极推进黄土高原及小流域综合治理，切实搞好坡耕地综合整治。

（六）加强环境保护综合整治

1. 加强大气环境污染治理

宁夏产业结构以煤基工业为基础，重化工业为特征，改善空气环境压力较大。宁夏出台的《大气污染防治行动计划（2013—2017 年）》提出，经过 5 年努力，基本消除重污染天气，全区空气优良天数逐年提高，重点区域空气环境质量明显改善。大气污染治理要以银川、石嘴山等城市和宁东能源化工基地等工业园区为重点，严格环境准入条件和煤炭能源消费目标管理，实施二氧化硫、氮氧化物、烟粉尘、扬尘、挥发性有机污染物等多污染物协同控制，工业点源、移动源、面源等多污染源综合治理，削减大气污染物排放量，改善区域环境空气质量。

2. 加强水污染治理

宁夏地处黄河中上游，决不能盲目发展，污染黄河流域水资源。必须树立绿色发展观，绝不要发臭的 GDP。宁夏水污染防治要以黄河干流、支流及主要排水沟为重点，落实自治区跨行政区域重点河流断面水质目标考核暂行办法，实施城镇污水处理厂提标改造和医药、造纸、化工、淀粉等行业废水深度处理，全力推进工业园区废水集中处理，取缔工业企业直接入黄排污口，减少入黄排污量，确保黄河水质安全，切实落实企业减排治污的主体责任，加大环保投入力度，排污不达标的企业，要先治理后生产。运用环境约束的倒逼机制，加快产业转型升级，加强对重点区域、重点行业、重点企业的监控，加大对偷排漏排的处罚力度。实施农村饮用水水源地保护、生活垃圾和污水处理、农业面源污染防治等工程，确保入黄水质达到Ⅲ类以上。要坚持不懈地开展植树造林、封山禁牧、退耕还林还草和小流域综合治理，加大水污染防治力度，严格控制废水排放，不断改善水环境质量。

3. 加强固体污染物治理

采取更加严格的环境保护措施，加强工业企业固体污染物排放监管，以宁东能源化工基地等工业园区和煤炭、电力、化工等重点行业为重点，落实工业固体废物综合利用政策和固体废物申报登记、全程监管等制度，实现固体废物资源化、减量化、无害化处理，加强重金属污染防治。重点监控铅冶炼、电解锰、铅蓄电池、皮革及其制品、电石法生产聚氯乙烯等行业。严格限制新建项目，加快现有企业升级改造，坚决淘汰落后产能，减少重金属污染排放。开展化学品生产企业环境隐患排查，落实危险化学品排放、转移登记和运输过程中的环境安全制度，推进危险化学品暂存库建设和处置能力建设。

4. 加强防灾减灾体系建设

宁夏是全国多灾省区之一，干旱、地震、风雹、洪涝、沙尘暴等自然灾害频发。面对复杂多变的自然灾害，要进一步加强防灾减灾体系建设，提升灾害管理水平。加强“调查评价、监测预警、综合防治、应急救援”四大防灾减灾体系建设，完善“群专结合、群测群防”的地质灾害监测预警体系，构建地质灾害应急救援体系。抓好地质灾害防治工作制度建设，依靠科技进步提升地质灾害防治能力和水平。

四、“美丽宁夏”建设的保障措施

由于生态环境建设涉及方方面面，包括环保、气象、林业、水利、经信、农牧、扶贫、城建以及发改、统计等部门，涉及监测、监督、保护、建设及防灾减灾等领域。在“美丽宁夏”及生态文明建设中出现有的事情大家抢着管的“部门重叠”、有的事情无人管的“部门空白”等现象，部门资源“碎片化”问题严重。为了进一步整合部门资源，在“美丽宁夏”建设中形成合力，建议如下。

（一）设立跨部门的生态环境协调机构和咨询机构

由于生态文明建设涉及多个部门，各个部门所涉及的领域不同，缺乏有效的领导和协调，建议加快顶层设计步伐，设立由自治区党委、政府主管领导牵头、跨部门的自治区级生态文明建设决策协调机构，统筹协调“美丽宁夏”及生态文明建设中出现的问题，推进部门资源整合，加快“美丽宁夏”建设步伐。宁夏生态环境脆弱，特殊的自然地理环境和经济发展特点决定了宁夏极易受到气候变化的不利影响，要高度关注气候变化对宁夏经济社会发展和生态安全的影响，建议设立跨部门、跨学科的应对气候变化专家委员会，积极开展气候变化对水资源、生态环境等关键领域以及农业、工业、旅游业、交通业等敏感行业的影响评价，从科学层面为自治区党委、政府在生态环境以及对经济社会发展的影响等方面提供决策咨询。

（二）加强和改进宁夏地方生态环境立法

加强和改进宁夏地方生态环境立法工作，既是完善中国特色社会主义法律体系的必然选择，也是推动法治宁夏建设的重要基础，更是全面建设“美丽宁夏”的历史选择。“美丽宁夏”建设是一项复杂的系统工程，仅靠政府的行政手段和措施无法实现“美丽宁夏”建设的目标，还需要加强和改进宁夏地方生态环境立法工作，依靠法制的普遍性、强制性和权威性来全面推进“美丽宁夏”建设。加强和改进宁夏生态环境立法工作：一是完善自然保护区建设与管理，提高自然保护区管理能力与建设水平；二是加强重点生态功能区保护与管理，构建生态安全战略格局；三是重视对生态敏感区、脆弱区的保护，针对不同地区独特的自然条件和生态保护问题制定区域性立法并予以保护；四是将生态区和移民区结合起来，对生态恢复区的林草地保护、修复治理等加强立法工作；五是完善生态环境保护的责任制度，完善资源环境的有偿使用立法工作。

（三）建立资源环境承载力预警制度

资源环境承载力是一个涵盖资源和环境要素的综合承载力的概念，是指在一定的时期和一定区域范围内，在维持区域资源结构符合可持续发展需要，区域环境功能仍具有维持其稳态效应能力的条件下，区域资源环境系统所能承受的人类各种社会经济活动的能力。进一步细分又包括土地资源、水资源、矿产资源、水环境、大气环境和土壤环境等基本要素。自然资源、生态环境为发展提供必要的支撑，是任何技术都无法替代的基础，经济发展总是伴随着土地、矿产、能源、水等资源的大量消耗，经济的快速发展也导致资源保障和生态环境保护面临严峻的挑战，资源短缺、水污染严重、生态环境恶化等问题日益突出。建立资源环境承载力监测预警制度，可以对全区各地资源承载力和大气污染扩散能力进行科学评估，促进生态环境的保护。

（四）构建多层次的生态环境监督体系

建立完善以各级政府为生态环境建设主体，以环境行政主管部门为归口管理责任主体，有关部门为配合的生态环境监督体系。完善地方政府一把手生态环境建设的主体责任，对于不认真履行生态环境保护职责的政府官员，严格执行引咎追责制度。建立政府主导、企业主体、公众广泛参与的生态环境管理机制，推动企业环境信息公开，针对污染设施运行异常、涉嫌造假等问题依法处理和追责。加强公众环境意识和法律意识的培养和教育，提高公众参与生态环境保护和监督的自觉性与主动性，为全民参与“美丽宁夏”建设奠定基础。

（五）建立“美丽宁夏”和生态文明建设体系

围绕“美丽宁夏”和生态文明建设，建立相应体系。一是围绕建立国家西部生态屏障，加快传统林业向现代林业转变，重点抓好“六个百万亩生态林建设工程”、防沙治沙省域示范区建设、退耕还林等重点林业工程，建立生态林业、民生林业体系。二是围绕沿黄经济区建设绿色生态经济圈，开发建立森林、湿地、果园、花卉等一体化的经济旅游型生态体系，完善都市农业和旅游观光农业的发展。三是积极推进生态系统综合治理，推进生态型草畜产业和特色植物开发，加大野生植物资源培植与植被修复、小流域综合治理等配套技术和治理模式的应用，加强对中南部地区生态环境修复。

“美丽宁夏”建设，关系人民福祉，关系宁夏的发展未来，我们应切实增强责任感和使命感，动员各部门、全社会积极行动，形成部门和社会合力，深入持久推进生态文明建设，共同建设美好家园。

综合研究篇

宁夏生态环境演变历程

张东祥

历史上的宁夏，是开发较早的西部地区之一。据地质部门和考古部门研究，在25亿年前宁夏为陆地，从中元纪到石炭纪的十几亿年时间里，宁夏大部分地区为海洋。在距今2亿~3亿年的二叠纪，在“华山西造山运动”作用下，宁夏结束了漫长的海洋环境，隆起成为陆地。[1]由于地理环境、气候变化、人类活动的影响，气候由温暖湿润到冷暖交替演变，生物发育成长，物种增多，在自然因素的作用下，历史时期的宁夏处于农耕与畜牧的变迁时期，导致生态环境不断发生变化。

一、原始生态与人类相互交融时期

早期的气候给原始生态和人类的社会发展带来了制约性的影响。近年来考古发现，宁夏灵武水洞沟遗址发现大量距今3万年前的旧石器时代文物，表明是晚期人类的发祥地，是古人类生息繁衍的栖息之地。这一时期的宁夏气候温暖湿润，生态环境良好。这里有大量的温带阔叶、落叶树种等落叶乔木，湖泊众多，水生植物繁盛。南部从距今8000年前的新石器时

作者简介　张东祥，宁夏社会科学院《宁夏社会科学》编辑部编辑。

[1] 中国自然资源丛书编撰委员会. 中国自然资源丛书：宁夏卷[M]. 北京：中国环境科学出版社，1995.

代的仰韶文化遗址和宁夏隆德沙塘北源村等地出土的石锄、石刀、陶器等文物，表明这里的人们已开始使用原始的农业工具，以农业经济为主。在春秋至西汉时期，北部平原以温带草原为主，南部山区则以温带森林与草原相结合。《山海经·西次二经》载："高山……其木多棕，其草多，泾水出焉。"高山是指六盘山，说明这里属于亚热带气候，生长棕树，天然植被良好，水资源丰富，也是早期生态环境最好的历史时期之一。[1]西周时期的宁夏南部，河流水量充沛，水质清澈；北部山清水秀，草原绿茵，森林茂密，那个时期的人类由各戎部落所占据，最强大的戎部落居住在这一带。《后汉书·西羌传》记载："所居无常，依随水草。地少五谷，以产牧为业"。这说明早期的人类是穴居在山野，以采猎和畜牧为主。人类开发利用自然资源的能力有限，对生态环境的影响不大。夏朝，制定了保护环境、保护自然的法规，周族的精耕农业取代了土著民族的"焚林而猎"的原始生存方式，有利于生态环境的良性发展。[2]

（一）人类活动影响生态环境时期

秦汉时期，气候转暖，天然植被丰茂。宁夏六盘山一带森林茂密，万树苍郁，蔚为深秀。《汉书·地理志》载："天水、陇西（包括六盘山地区）山民以板房为室屋。"雨水增多，降水量充沛，古"朝那"（今宁夏固原）神湖"湫渊"湖水清澈，水位稳定。海拔 1600 米的贺兰山上更是森林茂盛、水草肥美、野生动物众多，一片生机盎然景象。从商周到元代，有众多的游牧民族在黄河两岸以游牧为生，贺兰山岩画《狩猎图》《牧归图》《虎狼逐鹿》等更是很好地反映了当时人们的生活情景。贺兰山上有大量的松柏和针叶林，宁夏平原是大片的草原和湿地。可见当时的生态环境良好，为居住在宁夏黄河两岸的人类发展农业奠定了坚实的基础。秦始皇统一六国后，令蒙恬在宁夏平原屯田垦辟，大兴水利，开辟秦渠，引黄灌溉，草原和湿地变为农田，此地从游牧经济社会转化为农业经济社会。西汉初年，在宁夏移民屯垦 100 年后，西北少数民族如匈奴等"安逐水草，习射猎"

---

[1] 史念海. 黄土高原历史地理研究[M]. 北京：黄河水利出版社，2001：443.

[2] 薛正昌. 宁夏历史文化地理[M]. 银川：宁夏人民出版社，2007：168.

的游牧狩猎，有“城郭之可守，墟书之为利，田士之可耕，赋税之可纳，婚姻仕进之可荣的城邦”农业文化。可见当时是宁夏中原农耕文化和北方草原游牧相互交融，形成了特殊的地理环境，气候温暖湿润，雨水充沛，植被良好，人口大量增长，习草而居的放牧区逐渐成为农业定居区，并出现城镇，也被人们称为秦始皇时的“新秦中”。《后汉书·西羌传》记载：宁夏南部（西吉、固原、彭阳）呈现出了“沃野千里，谷稼自积，水草丰美，土宜产牧，牛马衔尾，羊群塞道”的繁荣景象。西汉初年，黄土高原人为的耕垦活动对生态的影响较小，自然植被保存较好，水土流失与沙化现象轻微，直到唐代初年。[1]后汉武帝反击匈奴，兴修水利，宁夏平原大规模移民与屯垦。在发展农业经济的同时，草原和森林的大片土地为栽培植被所取代，天然森林和大面积的草原消失了，宁夏的生态环境已由轻微的地质侵蚀变为强烈的土壤侵蚀。[2]军队屯边，移民实边，对土地进行大面积的开发。秦朝时，匈奴撤退，关东移民迁移宁夏境内，成为人口主体，这不但带来了先进的生产技术，而且较快建成了农耕区，大规模的开垦导致天然植被破坏，加剧了水土流失。[3]几年后，楚汉相争，匈奴杀回原地，刚刚开垦的耕地又变为牧区，草原、湿地等的植被被揭去，这是人类第一次大规模改变宁夏的生态环境。[4]西汉末年，王莽专政，西汉覆亡，战争导致生态环境日益恶化。

（二）生态恢复与沙化交替时期

公元初期到公元600年（殷末周初），宁夏气候变冷，降水减少，草地干涸，自然灾害频繁，易出现严重干旱和蝗灾，生态环境（森林、草原植被）和农牧业发展受到不同程度影响。北方游牧民族由寒冷的塞外向南迁徙，寻找适合生存的环境。东汉初年，由于战乱，宁夏境内田园荒芜，森林遭到不同程度的破坏。《后汉书·来翕传》载：“刘秀亲征固原，六盘山

---

[1] 朱士光. 汉唐长安城兴衰对黄土高原地区社会经济环境的影响 [J]. 陕西师范大学学报,1998(1).

[2] 邹逸麟. 中国历史自然地理[M]. 台北:明文书局,1985:45.

[3] 葛剑雄,等. 移民与中国[M]. 香港:中华书局,1992:32.

[4] 郑彦卿. 宁夏及周边地区生态环境的历史演化与重建[J]. 宁夏社会科学,2006(6):108.

上茂密的森林阻碍了道路的畅通，伐山砍木开辟道路。”由于羌民几次起义，东汉安帝时又迁回安定，大量的汉民迁回，荒芜的田园再度重建，大兴水利，修渠灌溉，使宁夏的农业重新得到发展，生态再次恢复。几十年后，永和年间（东汉中后期）羌族再度起义，东汉将北地民迁往陕西黄陵，安定民迁往陕西兴平，造成“安定、北地、上郡流人避凶者归之不绝”，以汉族为主，人口大量南逃，使农业一落千丈，生态环境受到不同程度破坏。羌胡、匈奴等少数民族大量内迁，农田又被恢复，牧地退耕反成为黄河中游的普遍现象，许多地方成为半农牧区。[1]又有《后汉书·邓禹传》载：“上郡、北地、安定三郡，土广人稀，饶营多畜。”这是对当时情景的最好写照。少数民族迁入宁夏南部，主要发展畜牧业，也是当时最主要的产业，从某种程度上讲则是延缓生态恶化。

魏晋南北朝时，宁夏北部黄河以东的沙化问题在当时还未对人类的发展产生影响。汉代人对生态意识有了初步的认识，晁错《新书》云：“焚山斩木为时，命日伤地。”由于300年间战乱不息，民不聊生，大量人口战死、外逃，农业处于低谷，少数民族入迁，畜牧业得以发展，战争给生态环境造成了一定程度的毁坏，大片草原、农田变为沙漠，也由此在史籍中首次出现记载宁夏沙漠的史料。[2]北魏以后，部分游牧民族开始逐渐转化为农耕作业，这一时期北方的沙漠向南推进，森林和草原大面积缩小，宁夏境内黄河以东出现沙化。[3]

隋唐时期，气候温暖湿润，生态环境得以改善和恢复。宁夏境内有大面积的森林、草原、天然植被及多种生物，呈现林草莽莽、生机勃勃的繁荣景象。《元和郡县图志》贺兰山条载：“山有树木青白，望如白马……山之东，河之西，有平田数千顷，可引水溉灌。”说明当时贺兰山是叠翠茂密的森林区，生态环境良好。唐代诗人韦蟾描写银川平原的美好情景有《送卢藩之朔方》诗为证：“贺兰山下果园城，塞北江南旧有名。”宁夏北

---

[1] 邹逸全. 千古黄河[M]. 香港：中华书局，1990：56.

[2] 陈育宁. 塞上咏史录[M].（宁）新登字01号 1993.11.

[3] 薛正昌. 宁夏历史文化地理[M]. 银川：宁夏人民出版社，2007：172.

部平原隋唐时代为重要的农业区，官民加大开发，大兴水利，修渠灌溉（如汉渠、唐徕渠等），发展农业，种植水稻和小麦，当今的“兴唐贡米”起源于此，可见当时的生态环境极有利于农作物的发展。宁夏北部重镇灵武，在唐初时屯田规模已相当宏大。宁夏六盘山森林带由南向北直到海原县以北，境内唐宋萧关生态平衡和谐。唐代诗人朱庆馀《望萧关》里有“川绝衔鱼鹭，林多带箭麋”的诗句，描写了当时的生态场景。《太平寰宇记》记载：中部韦州铎落山，明代改大蠡山（今大罗山）是“峰峦叠翠，山势雄伟，有良木新秸之利，又有铎落泉水”的生态区，森林草原天然植被良好，有利于发展畜牧业。南部山区的原州当西塞之口，接陇山之固，草肥水甘。南部山区又是繁殖战马的重要基地，在发展牧业的同时，还有少量的开荒耕种，使农牧业得到协调充分的发展，南部山区的生态环境在相当长的一段时间内保持着良好的平稳发展态势。安史之乱后，政局发生变化，大片草原又变为农田，朔方、灵州大力发展农业，成为唐代的一个重要后勤保障基地。在当时，这种以农耕和畜牧相结合，农牧并重，举措适当的方式，有利于生态的平衡发展。

二、生态环境严重破坏时期

两宋时期，气候正处于转寒时期，干旱少雨，由于社会发展，人口增多，战乱不止，生态环境遭受前所未有的破坏。因大规模的战争，切断水源，人们无法生存，背井离乡，加上气候变冷少雨，大片的农田、绿洲变为沙漠，饥荒和干旱次数增多。宋夏之争和人为的砍伐对宁夏境内的草原、森林的毁坏极为严重。据《宋史·夏国传》载：“凡百里矣，每退必赭其地，辽马无所食，因许和。”[1] 由此看出，战争使大片的草原化为灰烬。人为砍伐程度加大，六盘山森林木材用于修建中原建筑，海原南华山森林用于李元昊修建天都山行宫。贺兰山上的森林用于修建西夏王陵、寺庙、城阙等，《西夏书卷》卷十八记元昊行宫载：“逶迤数里，亭榭台池，并极其胜。”大片的森林和草原遭到滥砍滥伐，给生态带来了极大的灾难。宋夏

[1] 梁旭. 宁夏历史上生态环境演变[N]. 银川日报,2013-10-11.

时期，宁夏南部驻军开垦，在固原沿边兴建堡寨，开垦大量的土地，草场变为农田，破坏了一些草场和森林。

南北对峙时期，宁夏北部的西夏仍发展农业，但以畜牧为主，生态相对保持良好。元代初期，宁夏平原毁田纵牧，耕地荒废，但六盘山生态较好，蒙古军队在美水莽草的南部山区放牧，当年成吉思汗的避暑行宫便建于此。在此过程中，军屯荒地，使荒地变为农田。同时，安西王府的修建，使六盘山森林再次受到破坏。南宋收复此地后，军屯相对减弱，草原才得以恢复。宁夏北部屯田主要是农民开垦，南部主要是军屯。元代大修水利，郭守敬等人采用新的工程灌溉技术，对宁夏农业生产的恢复和发展起到了很大的推动作用。[1]

明朝时期，宁夏正处于寒冷干旱时期，草场退化，自然灾害接连不断，屯田、防边、战争给生态带来极大的破坏。在1425—1649年中，严重的旱年达18次之多。在今宁夏盐池、灵武、同心县及甘肃环县交界地区（介灵、盐、韦、环四州间）出现了七百里旱海，[2]可见当时生态环境之恶劣。明朝初年，宁夏大规模的军垦和人为的滥砍滥伐毁坏林木给生态带来了破坏性打击。为了防边，宁夏境内出现了大量的明长城，而修长城，因过度的樵牧和采伐树木，破坏了天然植被和大片的森林，贺兰山森林资源受到严重破坏，于是浅山区出现“陵谷变迁，林莽毁伐，樵猎蹂贱，浸浸成路”的状况。[3]《嘉靖宁夏新志·铁柱泉碑》载，黄河以东灵武、盐池两县境内“去花马池之西南、兴武营之东南、小盐池之东北，均九十里交汇处”，大部分地区在明代中前期是一片广袤无垠的大草原，草原中部有以水量之大、水味甘冽而著称的铁柱泉，“日饮数万骑弗之涸”，可见水量之大。由于独特的自然地理环境，在嘉靖十五年（1810年），陕西三边总督刘天和在此设置要塞，修建铁柱泉城。[4]当时，草原呈现农牧业繁荣的景象，但由于屯

---

[1] 薛正昌. 宁夏历史文化地理[M]. 银川：宁夏人民出版社，2007：175.

[2] 鲁人勇. 西夏地理志[M]. 银川：宁夏人民出版社，2012：50.

[3] 梁旭. 宁夏历史上生态环境演变[N]. 银川日报，2013-10-11

[4] [明]胡汝砺. 嘉靖宁夏新志：卷三，城铁柱泉碑文[M]. 银川：宁夏人民出版社，1982：243.

垦过度，军事活动频繁，耕作粗放，不断开垦又不断撂荒，导致铁柱泉周围水草丰茂之地又逐渐变成沙区。到明代后期，这里已荒无人烟，呈萧条冷落景象，铁柱泉已是渺无踪影。[1]宁夏河东沙区形成，是明代中叶边墙城堡推行军屯后，由于不合理的农业耕作及过度牧樵而演变成了沙漠。[2]而这时宁夏南部山区已是西北的牧马中心，发展畜牧业，过度的马牧破坏了这一带的植被，草场山林渐失，加之取消藩王的牧地，招民垦地，大批草原和林地变为农田，人进草退，水退沙进。天然植被破坏后，水土流失严重，黄土塬变为沟壑，草原变为戈壁沙滩。六盘山北段渐渐变成“濯濯童山，沙土皆紫色”的山川。

清朝时期，气候进入寒冷干旱少雨时期，由于人类活动和自然气候的变迁，导致自然灾害频繁发生，乾隆、光绪年间出现大旱，民不聊生，背井离乡，田园、草场荒疏，给生态环境带来了极大的破坏。清朝末年，由于人口增加、取材烧炭等因素，贺兰山自然林区苏峪口林区遭受了为时两个月大火焚烧，殃及九条山沟，黄渠口内焚烧数日。[3]到现在，仍然看到黑熏光秃的沟壑沉寂在苍凉的山脉之间，诉说着往日的兴衰。但宁夏北部尤其是河东地区生态环境还好，有人工绿洲和农业灌溉生态系统及城市生态系统。整体上生态处于良好的态势，而中部和南部由于人口增加，不断地向自然界索取过多的资源，以致草原退化，土地沙化，水土流失严重，也给黄河带来了灾难。据资料称，明代黄河决口 301 次，漫溢 138 次，迁徙 15 次。[4]由于干旱少雨、严重旱灾以及自然气候的变迁，导致黄土高原生态环境恶化，水土流失严重，自然灾害频繁发生，水位下降，湖泊消失，青铜峡以西成为沙漠。崇祯年间，宁夏境内大旱，银川有七十二连湖，香山旧称有七十二水泉，贺兰山旧称九十九道泉水，大部分都已消失在历史

---

[1] 侯仁之. 我国西北风沙地区的历史地量管窥［M］. 北京：中国科学技术出版社，1994:89.

[2] 朱士光. 建国以来我国黄土高原地区历史自然地理研究工作的回顾与展望［J］. 西北大学学报，1994(3).

[3]［明］杨一清. 杨一清集：卷一［M］. 北京：中华书局，2001.

[4] 梁旭. 宁夏历史上生态环境演变［N］. 银川日报，2013-10-11.

的长河烟雨中。昔日清澈见底、水草繁茂的鸳鸯湖（韦州和灵武）却变成干涸的小沙丘等。

20世纪五六十年代，北部贺兰山麓、黄河东岸由于过度开垦、放牧、建设工厂等，破坏了植被，引起沙化，环境污染加重。河东地区是“荒漠树木少，风吹砂石跑”的不毛之地，据石嘴山县志载：“全市年均大风日数10~54天，最多达107天，沙暴最多年份达48天。”

三、生态环境恢复时期

宁夏处于乌兰布和、腾格里与毛乌素三大沙漠包围之中，自然生态环境恶劣，沙化土地面积1.18万平方公里，占全区土地总面积的22.8%，荒漠化土地总面积2.97万平方公里，占全区土地总面积的57.4%，是我国土地沙漠化最严重的地区之一。宁夏又是全国水土流失最严重的省区之一，水土流失面积为3.68万平方公里，占全区土地总面积的71.1%。同时，宁夏属于典型的资源型缺水地区，总体特征是干旱少雨，蒸发强烈，年均降水量289毫米，大部分地区在200毫米左右，而蒸发量达1800毫米，河流稀少，地下水资源也不丰富，是全国水资源最少的省区之一。

面对恶劣的自然环境，为了摆脱贫困，发展经济，宁夏回族自治区党委、政府认真贯彻落实科学发展观，按照“东治沙，中理水，西护山，环城高速以内出精品”的思路，一手抓经济社会可持续发展，一手抓自然生态环境保护。经过多年坚持不懈的奋斗，全区自然生态保护与建设取得了显著成效，防沙治沙率先实现了治理速度大于扩展速度的历史性转变。

“十二五”以来，宁夏回族自治区党委、政府高度重视生态环境建设，牢固树立生态建设发展和改善民生的理念，坚持因地制宜、分类指导，围绕建设全国防沙治沙示范区的总体目标，依托国家三北防护林、退耕还林、天然林保护等重点防护工程，围绕四大长廊建设，南部山区重点建设六盘山生态保护长廊，贺兰山东麓建设生态产业长廊，在沿黄城市带建设绿色景观长廊，在中部干旱带建设绿色景观长廊，加快建设布局合理、重点突出、结构稳定的生态安全体系。至2014年底，全区森林面积达到1060万亩，森林覆盖率提高到13.6%。有力促进了农业产业结构调整，林果业、草产业等蓬勃兴起。湿地资源得到保护和可持续利用，自治区先后确定了全区 28 处湿地保护与恢复示范区，湿地保护区、公园，银川黄河湿地保护与恢复区、中卫沙漠湿地保护与恢复区，极大地改善了宁夏的生态环境。在国家大力支持下，宁夏在中部干旱带兴建了固海、盐环定等大中型扬水工程。以小流域为单元，综合治理为重点，共建成水保骨干坝及淤地坝 1921 座，累计治理水土流失面积 1.86 万平方公里，水土保持生态环境建设每年减少入黄河泥沙 0.4 亿吨，建成水平梯田、洪漫坝地、压沙地等干旱作三田 400 万亩。[1]隆德县被水利部评为“梯田建设模范县”。宁夏对水流域、沙化的治理都有大幅度的提升，加快了对生态环境的保护、建设及开发，生态环境正逐步好转恢复。

[1] 中共宁夏回族自治区委员会党史研究室. 生态文明建设与发展史研究[M]. 银川：宁夏人民出版社,2015:17-19.

“美丽宁夏”建设的内涵和目标定位

郑彦卿

党的十八大报告指出，“建设生态文明，是关系人民福祉、关乎民族未来的长远大计”。2015 年 9 月的《生态文明体制改革总体方案》强调指出，“坚持节约资源和保护环境基本国策，坚持节约优先、保护优先、自然恢复为主的方针，立足我国社会主义初级阶段的基本国情和新的阶段性特征，以建设美丽中国为目标，以正确处理人与自然关系为核心，以解决生态环境领域突出问题为导向，保障国家生态安全，改善环境质量，提高资源利用效率，推动形成人与自然和谐发展的现代化建设新格局”。这是我国目前和今后发展的战略部署及指导方针，我们必须在“加快生态文明建设”总方针指导下，加快“美丽宁夏”建设。

一、在“加快生态文明建设”总方针的指导下，确立“美丽宁夏”的内涵、定位与奋斗目标

（一）确立“美丽宁夏”内涵定位

“美丽宁夏”要突出千古美誉“塞上江南”的自然风貌和人文内涵，建成生态环境美、生产环境美、生活环境美、社会环境美、人的精神面貌美的新宁夏。成为全国生态文明建设示范区的先行区和向西开放对接丝绸之

作者简介 郑彦卿，宁夏国史研究所所长，编审。

路经济带生态文明建设的窗口。

（二）制定“美丽宁夏”的奋斗目标

依据2014年宁夏经济社会发展数据和现有环保指标计算，制定2020年“美丽宁夏”建设的奋斗指标。

1. 生态环境美

生态环境美包含生态环境质量（大气、水、噪声）优良、自然生态环境（生态建设、湖泊湿地、城市绿化建设）优美。

（1）环境质量。城市空气质量优良天数达标率稳定在70%，达到270天以上；黄河银川段面水质达到Ⅲ类水标准，主要湖泊水体稳定在Ⅳ类水标准；城市集中式饮用水水源地水质达标率100%；区域环境噪声平均值控制在55分贝以下，交通干线噪声平均值控制在70分贝以下。到“十三五”末，宁夏生态环境明显改善，真正实现“天蓝、地绿、水净”，首府银川市率先实现全国环境空气质量“十佳”城市和“联合国人居环境奖”的目标。

（2）生态环境。湖泊、湿地得到保护，面积比2014年增长5%；自然保护区面积保持在2014年水平。

（3）山川城市绿化。山川绿化率由2014年的12%上升到15%；城市绿化率由2013年的14%上升到20%；城市道路绿地达标率达到80%以上；人均公园绿地面积达到10平方米以上；城市建成区绿化覆盖率达到40%以上。

（4）城乡环境。建设美丽城市、美丽乡村，“同城化”发展水平提升，以大银川都市区为中心，以石嘴山、固原、中卫为副中心的“一主三副都市区”建成，城乡融合，城镇化率达到63.5%；2017年52%的乡镇、50%的规划村镇达到“美丽乡村”建设标准；2020年底前，农村环境综合整治率达到80%，全区90%村庄达到“美丽乡村”建设目标。

2. 生产环境美

生产环境美包含产业结构合理、产业布局合适、产业可持续水平提升、产业能耗下降。

（1）以电力、冶金、化工、建材等行业为重点，推进设备改造升级，工业节能减排成就明显。

（2）积极发展绿色建筑和绿色交通，加强农业和农村节能，提高可再生能源在城乡建设用能中的比例。

(3) 调“轻”现有产业结构，三次产业结构从4.4:54:41.6调整到4:44:52；建立合理的主体功能区划，新工业项目全部按照定位进入相应区域与产业园区，完成原有市区内工业项目的搬迁改造；高新技术产业、循环经济的产值分别在2013年基础上翻一番；煤炭消费总量在2020年达到峰值，万元GDP能耗较2013年下降20%。

3. 生活环境美

生活环境美包含交通便利、居住环境舒适、服务品质一流。

(1) 地级城市精细化管理水平提升，建设智慧城市，实现数字城管。

(2) 窗口、服务行业服务水平提升，群众的满意度提高。

(3) 实现公交全覆盖，城市公共交通占机动车出行比例达到60%。现有破旧小区全部改造完成，城中村全部拆除。

(4) 城市生活污水集中处理率达到95%以上，可再生水利用率大于30%，城市生活垃圾无害化处理率达到100%。

4. 社会环境美

社会环境美包括依法治区水平提高，宁夏的历史文化得以继承和弘扬，五市达到文明城市创建标准。

(1) 建立完善“美丽宁夏”的政策法规，科学合理编制“美丽宁夏”的市区、县城、乡镇发展规划，做到“多规合一”，用法规保障“美丽宁夏”的建设。

(2) 干部、群众、学生的法律知识、意识普遍增强，遵纪守法自觉性普遍提升，依法治区水平提高。

(3) 社会安定和谐，民族团结。

(4) 宁夏的历史文化得以继承和弘扬，构建人文宁夏。

(5) 银川、石嘴山、吴忠、固原、中卫五市全面达到文明城市创建标准。

5. 人的精神面貌美

人的精神面貌美包含人的精神面貌改观，素质提升。具体包含以下几个方面。

(1) 社会主义核心价值观深入人心，群众自觉自愿开展实践活动成为常态。

(2) 人人学雷锋，做好人好事蔚然成风。

(3) 群众的道德素质、科学文化素质全面提升，名列全国前列。

二、必须在“加快生态文明建设”总方针的指导下，确立建设“美丽宁夏”策略

(一) 要以生态文明建设为统领，把宁夏全区当作一个城市来规划建设

在全面分析和把握宁夏自然生态本底和特点的基础上，尽快明确宁夏生态红线区域的类型、范围、管控措施、责任主体和监管体制，建立生态红线区域保护清单和行业准入负面清单。以山、原、河、川生态资源为载体，以贺兰山、六盘山为两基，依势联结香山、南华山、罗山等重要生态节点；以黄河、清水河为纽带，发挥支流作用，顺势连通星海湖、沙湖、鸣翠湖等湖泊湿地，按照“串点成线，连线成面”的路径，按照主体功能区定位，把区域功能、城市带、铁路公路轴线以及产业布局规划好，突出生态环境保护，划定保障区域和城乡可持续发展的基本生态空间，形成生产空间集约高效、生活空间宜居适度、重点区域环境质量持续改善的良好局面。抓好重点领域的环境污染整治与低碳减排，提高区域环境质量和风险防范能力。明确现有各个区域、园区的产业功能定位和产业准入，加快现有产业结构升级。优化开发区域，采用土地置换、政府补助等手段逐步将污染企业搬离市区，推动其向工业园区集中，减少市区环境污染，腾出空间和环境容量，扭转宁夏资源能源消耗过多、环境压力趋增的产业格局，减轻生产、生活对生态环境的压力。坚持生态立区、绿色发展，保护与发展并重，既给当代提供发展的支撑，又为未来留下发展的永久生态基础，实现青山常在，净水长流，空气常新，建设美丽新宁夏。

(二) 强化“绿水青山就是金山银山”的理念，实施生态优先，以“山河为脉，保护生态”空间发展战略

树立绿水青山就是金山银山的理念，进行整体保护森林、草原、河流、湖泊、湿地等自然生态，开展系统修复、综合治理，增强生态系统循环能力，维护生态平衡，逐步提升城乡生态文明水平。按照主体功能区定位，

突出生态环境保护，优化开发区域，控制建设用地增长。在全面分析和把握宁夏自然生态本底和特点的基础上，尽快明确宁夏生态红线区域的类型、范围、管控措施、责任主体和监管体制，建立生态红线区域保护清单和行业准入负面清单。明确现有各个区域、园区的产业功能定位和产业准入，加快现有产业结构升级。坚持源头严防、过程严管、后果严惩，全面淘汰黄标车和小锅炉，加强重点污染源在线监测，加强大气、水、土壤污染的综合治理。明确城乡建设空间，保护自然保护区、风景名胜区、国家森林公园、国家地质公园、饮用水源保护区等重要生态功能区。限制开发自然保护区的实验区、两级生态走廊、蓄滞洪区、主要地震断裂带、坡度大于15度以及海拔超过2000米的山地林地、水库、省级重点公益林地等重要生态功能区，增强涵养水源、保持水土、防风固沙等重要生态功能，提高宁夏的生态环境承载力。优化国土开发空间，抓好重点流域、重点区域、重点行业、重点企业的环境污染整治与低碳减排，加快解决城乡突出的环境问题，提高区域环境质量和风险防范能力，为“美丽宁夏”构筑强大的生态屏障。

（三）以大银川都市区和三个副中心城市为核心，建设大县城，适度发展一批重点镇，有序实施美丽乡村建设

加快推进扶贫攻坚，形成大中小城市和小城镇合理分工、功能互补、协同发展的城市群和格局，促进城乡一体化发展。构建“自治区—市—县—乡（镇）—村”公共服务设施体系，加快街巷、农村危房改造等工作，加大对城乡结合部、园区企业等重点区域的清理整顿，促进市容市貌好转。加快智慧城市、数字城管体系建设，提高城市管理智能化、精细化水平，提质扩面。坚决查处各种挤占城市绿地的行为，构建高密度、大绿量、多色彩的“绿网”，提高市区、县城及小城镇园林绿化水平。积极创建国家园林城镇，大力推广绿色建筑，扩大绿色建筑和低能耗建筑示范规模。积极发展绿色建筑和绿色交通，加强农业和农村节能，提高可再生能源在城乡建设用能中的比例，做大做强沿黄经济区。加快美丽乡村的规划建设，推动城市基础设施向农村延伸、公共服务向农村覆盖、现代文明向农村辐射。建立“户集—村收—乡运—县处理”的生活垃圾收集处理体系，城乡环卫管理一体化机制全面运行。2017年，52%的乡镇、50%的规划村镇达到美丽乡村建设标准。2020年底前，农村环境综合整治率达到80%，全区90%村庄达到美丽乡村建设标准，建设美丽乡村，让农民享受美好生活。

（四）根据国家、自治区已经颁布的法规，保护、恢复、建设生态环境

自治区与各市县要通过植树造林、加强天然林资源保护和自然保护区的监管，建设重要水源涵养区、水土保持重点保护和监管区、洪水调蓄区和防风固沙区等国家级、自治区级生态功能保护区。补播补种树草，间伐老树死树，更新品种，保护动物，防治火灾和病虫害。要保护和善待山地坡地，不要轻易开发或为了一时的利益任意开发。加快对恢复治理区企业的搬迁工作，开展砂石采空区复垦，尾矿区环境恢复治理与土地复垦工作，使矿山生态环境恢复治理率达到50%以上。用法规推广草格治沙、植树种草治沙、温棚治沙、围栏封育治沙等防沙治沙的成功经验，因地制宜进行栽种灌木林、乔木林，种植甘草、麻黄草、葫芦巴、苦豆子、红豆草、沙打旺、草木樨花草等，扩大林草面积，恢复生态环境。发展围栏轮牧、舍饲养殖，减少牲畜对草原的啃食踩踏。治沙防沙，恢复生态环境，创建全国人进沙退示范城市。加快银川市、石嘴山市、中卫市周边防风固沙林、银西生态防护林、黄河护岸林、河东防风固沙林等生态保障体系建设，形成以城市主干道路、公园、广场和农田等防护林体系。提高市区、县城及小城镇园林绿化水平，使五市的绿化率由目前的14%上升到2020年的20%。

（五）深入开展水源保护、水环境治理工作

1. 尽快修订湖泊湿地、水源地保护等现行法规

加快制订生物物种等方面的管理规定，依法进行河流水系、滩涂、湖泊、湿地管护。划定边界、建设围栏。关停排污企业，严禁废水直接排入湖泊湿地，坚决禁止在保护区核心区和缓冲区内开展旅游及生产经营活动。对宁夏整个水道系统保护建设进行可行性研究，加快水系连通，构建河、湖、渠、沟相互连通的水系网络。拆除沟渠、湖泊湿地等水利工程管理范围内违法违规建筑。2016年底前，县级以上城市集中式饮用水水源地水质达标率达到95%。加强黄河堤岸、护岸的码头建设，疏导引导黄河顺主河

道运行，按照规划搞好沿黄城市带景观、村镇、道路、工业园区等建设。做精做特沙湖、沙坡头、镇北堡西部影城、黄河大峡谷等景区，形成多姿多彩的黄河文化旅游带。滨河新区要因地制宜，建设景观生态林带，打造国际生态田园城、沙漠旅游娱乐园，建设“黄河外滩”绿色景观线。

2. 启动湿地保护与恢复项目

2016 年，要完成湿地生态保护红线管理办法，对不同生态功能区实施分类管控。加快建立湿地资源产权制度和监管制度，对黄河沿线 2 公里范围内的湿地进行全面封育保护，重点打造吴忠滨河、青铜峡库区、平罗天河湾、惠农区滨河 4 个沿黄湿地保护示范点，加大湿地保护和恢复力度，严禁将湿地开垦成耕地，严禁在湿地公园、湿地自然保护区内搞商业性开发。扩大湿地生态效益补偿和退耕还湿试点，巩固并提高鸣翠湖、阅海、宝湖、黄沙古渡、星海湖、燕窝池、金沙岛湖、震湖、海子湖等湿地公园创建成果。

3. 优化用水结构，提高水资源利用效率

按照“节水优先、空间均衡、系统治理、两手发力”的思路，以节水为基础，坚持内部挖潜和外延增水相结合的原则，统筹安排全区水资源，优化用水结构，平衡空间配置，提高水资源利用效率。进一步加强城市污水处理基础设施建设，重点推进重点企业污水处理项目建设，完善污水处理厂除臭措施。加快中水回用设施建设，提高中水利用率。推广废水循环利用，逐步实施重点废水污染源全面达标工程。努力提高各工业园区污水处理及利用率，推进污水处理和中水回用事业健康发展。推广工业园区集中式污水处理模式，实现园区内工业废水的无害化处理。限制审批造纸、酿造、化工等高耗水工业项目，新建项目和技术改造项目采用清洁生产工艺和设备，合理利用资源，通过“以新带老”做到增产减污或增产不增污。

4. 加强监测，确保水源安全

建设黄河银川段水质自动监测站并与现有污染源监控系统联网，上下游地区之间、多个部门和上下游地区之间明确责任、相互协调、密切协作，保证黄河银川段水质全面达标。推进沿沟企业的污染治理设施升级改造，控制检测排污口及各个排水沟，减少排污，使水的质量标准逐步提高。开展地下水基础环境状况调查，建立饮用水水源地基础环境数据库。开展城乡饮用水水质日常监测，实施水源地环境巡查，规范界碑设置和保护区划分，确保群众饮水安全。

（六）坚持绿色发展、循环发展、低碳发展，强化源头控制，治理大气污染，保护蓝天

1. 调“轻”现有产业结构

要充分发挥宁夏内陆开放型经济试验区核心地位，依托银川综合保税区，加快建设空港经济区，大力发展航空物流产业、高技术出口加工产业、高端商务服务产业，积极培育新兴产业，以宁东现代能源化工基地等为引领，重点发展能源化工、云计算和电子信息、装备制造、新能源、新材料、生物医药、清真食品和穆斯林用品、特色农产品、生态纺织等产业，重点推动电解铝、铁合金、水泥、平板玻璃、焦炭等高耗能行业运用高新技术和先进适用技术进行改造升级，各县（市、区）积极组织申报实施节能技改项目。强化固体废物，特别是危险废物的产生、运输、利用、处置全过程的监管，2020年底前，新建燃煤电厂固体废物综合利用率、安全处置率分别达到85%和100%，危险废物安全处置率100%；乡镇以上卫生院医疗废物无害化处置率达到100%，实现安全处置全覆盖。

2. 严格环保准入，加大对排污许可、固定资产投资项目节能评估和审查等环保节能法规制度建设

严格执行高耗能和易造成环境污染项目准入负面清单，建立投资强度、环境效益、能源消耗、经济效益等多指标评价的招商选资制度。严格执行国家产业政策，市域范围内将不再审批新建铁合金、碳化硅、造纸、商品电石、非资源综合利用和不属于资源综合利用的火力发电项目。工业园内不得审批建设金属冶炼、石油化工、生物发酵等重污染项目。禁止在农村地区、水源地、基本保护农田区、农村庄点建设产生污染的工业项目，农村各类中小型工业企业逐步进入各工业园区或乡镇工业集中区。禁止使用高污染燃料，禁止审批建设使用高污染燃料的锅炉、大灶、炉窑等项目。新上高耗能工业项目单位产品能耗必须达到国内先进水平，单位工业增加值能耗低于自治区平均水平，用能设备必须选用达到一级能效的产品。

3. 加快淘汰落后产能，限制水泥、有色金属等生产行业新增产能，严禁新增钢铁、水泥、电解铝、平板玻璃等产能过剩行业

严格控制新增煤炭消费总量，实行电煤总量控制，制定煤炭消耗总量中长期控制目标，实行目标责任管理。2020 年底前，煤炭占能源消耗总量比重有所下降。淘汰所有自备电厂中纯凝汽发电机组和发电标准煤耗高出全国平均水平 15%、全区平均水平 10%的燃煤机组；冶金行业分别淘汰炭化室高度 4.3 米以下焦炭生产线、12500 千伏安以下铁合金矿热炉和 10000 千伏安以下碳化硅矿热炉；建材行业淘汰日产 1500 吨以下旋窑水泥生产线；化工行业淘汰年产 5 万吨以下煤制合成氨落后装置。

4. 以"蓝天工程"为抓手，推动城市空气质量改善

加强石化等非电行业的二氧化硫治理，石油炼制行业催化裂化装置要配套建设烟气脱硫设施，硫黄回收率达到 99%；加快有色金属冶炼行业生产工艺设备更新改造，提高冶炼烟气中硫的回收利用率，对二氧化硫含量大于 3.5%的烟气采取制酸或其他方式回收处理，低浓度烟气和排放超标的制酸尾气进行脱硫处理；加快燃煤机组低氮燃烧技术改造及脱硝设施建设，单机容量 20 万千瓦及以上、投运年限 20 年内的现役燃煤机组全部配套脱硝设施，脱硝率达到 85%；火电行业燃煤机组必须配套高效除尘设施按照 20 毫克/立方米标准，对烟尘排放浓度不能稳定达标的燃煤机组进行高效除尘改造；强化水泥行业粉尘治理，确保颗粒物排放稳定达标。各县（市、区）人民政府要制定限产或生产线搬迁计划，逐步解决异味污染问题。到 2017 年，争取实现城市空气基本无异味。加强施工扬尘环境监理和执法检查，推进建筑工地绿色施工。禁止农作物秸秆、城市清扫废物、园林废物、建筑废弃物等生物质的违规露天焚烧。

5. 严格控制机动车排气、城市扬尘、油烟的污染

优先发展城市公共交通，使公共交通成为城市主导运输方式。发展混合动力汽车，在城市公交客车、出租车等推广燃气汽车。发展城市集中供热，对现有单台容量 7 兆瓦及以下的燃煤锅炉房实施拆除并网，开展煤炭销售单位煤质日常监管和专项检查，市区内禁止销售含硫量大于 1%、灰分高于 15%的煤炭，从源头上减少烟尘污染，城市煤场、渣场、料场必须采

取遮盖、密闭等措施。严格新建饮食服务经营场所的环保审批，推广使用管道煤气、天然气、电等清洁能源。饮食服务经营场所要安装高效油烟净化设施，并强化运行监管。

6. 建立陕、甘、宁、内蒙古大气联防联控机制，治理雾霾天气

陕、甘、宁、内蒙古要认真执行国务院办公厅转发的环保部等九部门制定的《关于推进大气污染联防联控工作 改善区域空气质量的指导意见》，加强合作，加强环境空气质量和污染源的监控体系建设，建立大气污染联防联控机制，在加强对现有有色金属、建材、化工、石化等重点行业的二氧化硫、氮氧化物、颗粒物等污染物排放总量控制的同时，加快煤电、化工和其他行业生产，加强大气污染治理以及节能减排技术研发推广。在继续做好二氧化硫和烟尘污染防治的同时，开展二氧化氮污染防治，实现多污染物协同控制，切实改善空气质量。

宁夏生态文明制度体系研究

王丛霞　杨丽艳　贾德荣　刘雅静　狄国忠

生态文明制度体系建设是全面建成小康社会、全面依法治国、全面深化改革的重要内容，也是建设“美丽中国”的首要任务。2014年4—12月，笔者在福建省福州市和厦门市及宁夏五个地级市、环保厅、林业厅等地，就生态文明制度建设开展了专项调研，旨在分析宁夏生态文明制度体系建设中存在的问题，提出相应的对策及建议。

一、宁夏生态文明制度建设存在的问题

三十多年来，宁夏生态文明制度建设在某些领域和方面取得了一定成绩。但是，对照十八届三中全会《中共中央关于全面深化改革若干重大问题的决定》，2015年9月中共中央国务院印发的《生态文明体制改革总体方案》中对于完善生态文明制度体系的要求，结合宁夏生态文明建设实践，生态文明制度建设中仍然存在着许多问题。

作者简介　王丛霞，中共宁夏区委党校哲学教研部主任，教授，哲学博士；杨丽艳，中共宁夏区委党校经济管理教研部教授；贾德荣，中共宁夏区委党校法学教研部教授；刘雅静，中共宁夏区委党校共公管理教研部教授；狄国忠，中共宁夏区委党校社会与文化教研部教授。

（一）生态文明制度体系不健全

1. 缺乏“后果严惩”制度

宁夏生态文明制度体系建设，在“源头严防、过程严管、后果严惩”方面均不同程度存在问题，尤其是缺乏包括生态环境损害责任终身追究制度和环境损害赔偿制度在内的“后果严惩类”制度。

2. 制度建设存在“碎片化”现象

以宁夏国土空间开发保护问题为例来说，近年来，宁夏经济社会发展取得了长足进步，但是，多年形成的空间格局不清晰、产城关系不协调、交通地位边缘化等一系列矛盾，严重制约着宁夏科学发展的步伐。目前，宁夏实施的《宁夏空间发展战略规划》《宁夏主体功能区规划》《宁夏回族自治区土地利用总体规划（2006—2020年）》等规划，关联性不强，没有统一性。

3. 制度之间缺乏兼容性

第一，我国《环境保护法》已确立了可持续发展的理念，但宁夏的《农业环境保护条例》《草原管理条例》《湿地保护条例》《林地管理办法》等地方性法规和规章，不仅未明确以可持续发展战略为指导思想，而且法律责任条款匮乏。第二，无论国家层面还是宁夏地方层面，均缺乏国土空间规划、排污许可证管理、污染物排放总量管理、生态补偿等方面的立法。第三，缺乏生态环境建设规划法律制度，中央和地方的规划不配套，部门之间的规划不协调，不同时期的规划不衔接。

（二）生态文明制度不完善

1. 事前预防类制度不完善

在农村土地产权制度方面：所有权主体不清晰、土地承包经营权不完整、农村建设用地使用权流转面临一定困难、宅基地处分权残缺。在矿产资源产权制度方面：公有产权主导下导致寻租现象严重、矿产资源有偿取得制度不完善与外部不经济现象突出、矿产资源产权高度集中与收益分配不公状况突出、矿业权出让和转让程序不规范。在国土空间开发保护制度方面：各类国土空间开发保护规划地位不协调、国土空间开发保护制度体系不完善、生态红线制度呈现明显的“部门化”特征。

2. 行为管制类制度不完善

在排污许可制度方面：排污许可证的发放标准不统一、分配没有走向市场化，排污许可制度与其他管理制度衔接不理想。在污染物排放总量控制制度方面：监督和责任机制不健全。

3. 影响诱导类制度不完善

在干部政绩考核制度方面：与生态文明建设相关的考评指标体系尚不完善、考核周期设置不合理、政绩考核结果运用弱化。在生态补偿制度方面：缺乏横向转移支付制度、地方政府配套资金很难落实到位、社会资金参与度不高、生态补偿费用征收混乱、资金使用机制不透明。在排污权交易制度方面：缺乏法律保障，交易市场机制不完善。

4. 事后补救类制度不完善

在环境公益诉讼制度方面：没有设立专门的环保法庭、诉讼原告主体范围狭小、环境诉讼规则供应不足、司法人员素质有待提高。在生态环境损害责任追究制度方面：客观地讲，十八届三中全会前，全国各地绝大多数省份没有建立起严格的生态环境损害责任追究制度，宁夏也不例外。虽然各地建立起领导干部问责制度，但在实际执行过程中还不大“严格”，更谈不上“终身”追究。

（三）体制机制不顺畅

1. 自然资源监管体制不顺畅

分散的监管模式导致对自然资源监管不力；管理权限配置不合理；自然资源纠纷处理机制缺乏。现在对自然生态系统保护的管理比较分散，同一工作隶属不同部门管理，造成协调成本高、互相制约，甚至相互推卸责任的局面。环境管理体制尚未理顺，环境保护统筹协调、统一监督仍需进一步加强，一些制约环保事业发展的体制问题没有大的突破，有关部门协调配合的环保工作体制尚不完善，全社会共同参与环保工作的合力尚未形成。

2. 保障机制不健全

在综合决策机制方面：体制不顺畅、保障缺失、公众难以有效参与、决策流于形式。在环境执法体制方面：缺乏宏观组织机构，各环境管理部门的统一协调性不足。在公众参与机制方面：缺乏社会组织参与的机制、公众参与的法律保障机制、环保公益诉讼机制、环保信息公开机制。在环境教育机制方面：环境教育认识缺位；环境教育工作缺位；环境教育监督缺位。

3. 市场运行机制不健全

一是尚未形成市场化补偿机制；二是环境污染第三方治理尚未推行。

二、完善宁夏生态文明制度体系的对策建议

（一）健全制度体系

1. 明确生态文明制度体系建设内容

必须把制度建设作为推进生态文明建设的重中之重，按照国家治理体系和治理能力现代化的要求，着力破解制约生态文明建设的体制机制障碍，深化生态文明体制改革，尽快出台相关改革方案，建立系统完整的制度体系。建议从事前预防、行为管制、影响诱导、事后补救四个方面建立健全生态文明制度体系（见表1），达到既促进经济发展和环境保护的协调统一，又规范和引导政府、企业、个人的行为，实现经济社会整体发展成本的最小化或收益的最大化目的。

表1　宁夏生态文明制度体系

<table>
<tr><th colspan="2">事前预防类</th><th>行为管制类</th><th>影响诱导类</th><th>事后补救类</th></tr>
<tr><td>自然资源资产产权制度</td><td>土地产权制度
水权制度
矿产资源产权制度
林业产权制度</td><td>排污许可制度</td><td>干部生态政绩考核制度</td><td>环境突发事件预防应对机制</td></tr>
<tr><td colspan="2" rowspan="2">自然资源监管体制</td><td rowspan="2">污染物排放总量控制制度</td><td>环境教育机制</td><td>环境公益诉讼制度</td></tr>
<tr><td>公众参与机制</td><td>环境损害赔偿制度</td></tr>
<tr><td colspan="2">国土空间开发保护制度</td><td rowspan="3">环境执法体制</td><td>生态补偿制度</td><td rowspan="3">生态环境损害责任终身追究制</td></tr>
<tr><td colspan="2">生态环境与经济发展综合决策制度</td><td>环境税费制度</td></tr>
<tr><td colspan="2">环境影响评价制度</td><td>排污权交易制度</td></tr>
</table>

2. 成立“宁夏生态文明建设委员会”

该委员会作为自治区政府的工作部门，负责全区生态文明建设的统筹

规划、组织协调、制度完善和督促检查等工作，并负责根据相关业务部门和专家学者所提的对策建议，对具体制度的修改完善进行统筹，确保具体制度的衔接和自洽。建议委员会主任由自治区主要领导担任，办公室设在自治区环保厅，并将发改委、林业厅、经信委、教育厅、科技厅、公安厅、财政厅、人社厅、国土厅、农牧厅、政府法制办等涉及生态文明建设的相关职责单位划转并入。在不增加编制的原则下，从相关部门划转直接从事与生态文明建设相关的业务骨干。

3. 完善法律法规

第一，树立可持续发展的立法理念，拟定科学、统一的生态环境立法的规划，强化立法的统一性、协调性；第二，在排污许可证管理、污染物排放总量管理、生态补偿等方面，除了积极向国家提出立法议案或建议外，宁夏可充分运用自治立法权，立足区情，先行先试，制定相关的自治条例、单行条例、变通规定、补充规定等法律文件；第三，重点做好宁东能源化工基地生态环境建设、生态移民生态环境建设、沿黄经济区生态环境建设、新丝路经济带生态建设方面的立法；第四，强化责任条款的设置，使其同法律规范中对义务、职责的赋予条款一一对应。

（二）完善各类制度

1. 完善事前预防类制度

完善土地产权制度。一是将农村集体土地所有权的主体确定为村层次上的集体；二是完善农村土地承包经营权，实现土地使用权的多样化操作；三是建立土地流转市场或土地流转的中介服务组织，借助市场力量或第三方组织的力量，实现土地资源的合理配置；四是从法律、法规层面对土地所有权、使用权、收益权等进行细化界定，在此基础上，加大执法力度，打击侵害土地产权权益的行为，维护土地产权的运行秩序。

完善矿产资源产权制度。一是在坚持矿产资源国家所有的制度不变的前提下，探索建立矿产资源管理体制多元化模式，使地方政府直接作为矿产资源的所有者；二是理顺国家与矿业权人的关系，使矿产资源的所有权与使用权相分离；三是完善矿业权出让、转让制度，在矿业一级市场权授予中引入竞争机制，确保矿产资源利用效率的最大化和产权主体收益的最大化；四是进一步理顺中央政府与地方政府的矿产资源收益分配关系，积极争取将中央所得的矿产资源收入全部返还矿产地所在省（区），由所在省（区）与市、县进行分配，重点向资源所在县倾斜，同时进一步完善矿产收益的支出和分配结构，重点向基层、农村和社会事业倾斜。

完善国土空间开发保护制度。一是逐步推行国土空间规划立法，严格土地用途管制；二是构建分工明确的国土空间开发保护的制度体系，明确各市、县在国土空间保护中的作用，并逐步将国土空间规划延伸到乡镇甚至行政村；三是规定各类空间性规划制度的协商程序，设立专门的协商机构和协商制度，建设依托各种技术的国土空间规划监测和协调技术平台，实现国土空间开发保护制度的规范化；四是把扶贫政策、财政政策、投资政策、产业政策、人口政策、农业政策、环境政策等一系列区域发展政策整合起来，以避免分散投资和重复投资；五是完善生态红线制度，科学界定生态红线划定的空间范围，严防各部门“跑马圈地”。

2. 完善行为管制类制度

完善排污许可制度。一是加强排污许可制度建设的立法步伐，就排污许可制度的适用范围、排污许可的实施主体、排污许可证的申请条件、排污许可证的听证与信息公开、排污许可证的审批与颁发、监督与法律责任等方面做出严格规定；二是统一排污许可证的发放标准，应建立一套既符合减排总量目标控制要求，又能促使排污主体各项污染物达到最大减排效率的核发指引，对新建污染源、现有污染源排污量进行全面核发；三是应强化与环境影响评价制度、“三同时”制度、污染物排放总量控制制度、排污权交易制度、排污收费制度等环境管理制度的有效衔接。

健全污染物排放总量控制制度。一是健全污染物排放总量控制制度立法，就污染物排放总量控制的目标、指标、重点污染物的种类和范围等方面做出规定；二是区别对待不同区域内的污染物允许排放容量，根据当地的经济总量、环境状况和生态价值分配排污指标；三是强化政府的责任，应将污染物总量控制作为重要指标列入重点污染源和污染区域各级政府官员政绩考核内容，与相应的行政责任挂钩，加强监督，严格执行。

3. 完善影响诱导类制度

完善生态政绩考核制度。一是在政绩考核中增设“生态文明发展”大项（见表2），与“经济发展”“社会发展”构成对市、县领导班子考核的三大类指标。生态文明发展考核设立“生态文化建设”“制度建设与实施”“组织建设”“生态建设效果”等项目。二是设置科学合理的差异化的生态政绩考核指标体系，对于国家重点生态功能区（盐池县、红寺堡区、同心县、海原县、彭阳县、隆德县、泾源县、西吉县），重点突出对生态环境保护的评价，弱化对GDP、工业化、城市化等相关指标的考核。三是实行多元考核主体参与、年终考核和过程考核相结合的考评方法。四是设置适合生态文明建设的考核周期，考核周期可分为短期（1年以内）、中期（1~5年）、长期（5年以上）。五是把生态文明建设考核结果作为干部任免奖惩的必要依据之一，建立健全生态文明建设问责机制。

表2　生态政绩考核指标体系

一级指标	二级指标	三级指标
生态文明发展	生态文化建设	生态文明观念普及程度
		生态文明教育覆盖率
		生态文明宣传费用支出增长率
	制度建设与实施	生态保护地方性规章完善程度
		生态建设年度规划制订情况
		生态建设年度规划实施情况
	组织建设	生态文明建设组织机构完善程度
		民间环保组织与志愿者发展程度
	生态建设效果	耕地保有量
		森林覆盖率
		城市环境空气质量优良天数
		主要污染物总量减排完成率
		城市人均公园绿地面积
		城镇生活污水处理率
		城镇生活垃圾无害化处理率
		重大环境污染事故发生次数
		环境污染投诉次数
		环境质量群众满意度

完善生态补偿制度。一是将现行的草原生态奖补、生态管护公益岗位、公益林、天然林等生态补偿政策与保护责任、保护效果相挂钩；二是积极开展湿地生态效益补偿、湿地保护奖励试点工作；三是将“十二五”生态移民迁出区设立为生态恢复集中连片特区，争取将六盘山地区列入全国生态补偿机制试点地区；四是在提高公益林生态补偿标准的基础上，在未迁走的农户中开展“培育一户一产业工人”的活动，实现“培养一人，就业一家，带动一家”，鼓励农户建设家庭林场，并将农民转变为林业产业工人。在此基础上，以个人和政府共同承担的模式，缴纳林业产业工人的养老保险、医疗保险、工伤保险、失业保险、生育保险；五是运用市场机制，建立生态补偿项目评级制度和社会参与的生态融资机制，调动社会力量，实现资金来源的稳定性与多样化；六是健全生态补偿监督机制。

完善排污权交易制度。加强排污权交易立法建设和排污权交易平台建设，健全排污权交易市场机制。宁夏可以大胆行使民族自治权，在排污权交易上进行突破立法，制定单行条例，明确总量控制的目标，确立排污权交易的法律地位，将行政指令行为逐步转变为法律行为；规定可交易的排污权范围，排污权交易的保障条件；建立并完善排污权交易实施流程的法律保障体系，包括排污权的分配管理、交易机构的认定审核、交易的主体客体、交易原则、交易类型、交易流程及方式、交易管理等。当然，从国家层面，应健全和完善相关法律，为建立排污权交易制度提供充足的法律依据，其中最为关键的环节就是要通过立法确认环境资源产权制度。

4. 完善事后补救类制度

健全和完善环境公益诉讼制度。一是对环境公益诉讼原告资格做出变通规定，将其扩张为：检察机关、环保行政机关、民间环境保护组织以及公民。二是建立专门的环境审判庭。在条件成熟时，设立区域环境法院。三是建立环境污染强制责任保险制度。

建立生态环境损害责任终身追究制度。一是通过“目标责任考核制度”追究个人的“环境责任”。二是探索编制自然资源资产负债表。为了便于编制工作开展，可以先从林业、土地、流域等单个领域入手，根据国家主体功能区的划分，建立相应的能反映上述自然资源资产基本情况的核算体系，编制重点自然资源的资产负债表。对于难以货币量化的自然资源资产，可以采用报表附注的方式填列其变化情况。三是离任审计考核指标应涵盖环境健康指标。在对领导干部实行自然资源资产离任审计上，不仅要关注自然资源资产的数量变化，更要关注一些新的自然资源资产质量变化，如水环境质量、空气环境质量、土壤环境质量变化情况。四是环境考核周期应与发展规划周期相一致。在追责过程中，要坚决杜绝发生“谁赶上谁倒霉，谁躲过谁侥幸”的现象。

（三）健全生态文明建设的体制机制

1. 完善监管机制

在全区生态文明建设委员会下设自然资源资产管理小组、生态文明建设规划领导小组、环境执法协调小组。自然资源资产管理小组负责行使自然资源资产所有者职责，统筹协调自然资源资产监管工作。各市县（区）也要成立相应的组织机构。建立并完善部门协作、信息通报、联合检查制度，强化跨地区、跨部门综合性环境事务的宏观调控能力。生态文明建设规划领导小组负责协调政府有关部门（发改、环保、国土、林业、水利、规划等）共同参与决策，对重大事项进行统一部署、综合决策。环境执法协调小组负责协调各部门和各地方环保管理工作。建立派驻机制，组建环保监督员队伍，对排污行为主体进行全程监管。

2. 健全保障机制

完善生态建设与经济发展综合决策机制。一是建立综合决策咨询制度。广泛吸纳环保、经济、资源、科技等领域的管理者和专家学者，建立综合决策专家资源库，为综合决策提供咨询和技术支持；二是建立重大决策环境影响评价制度，开展对各类规划、计划、法规、重大经济技术政策、发展战略等的环境影响评价；三是建立重大决策监督与责任追究制度；四是建立综合决策的公众参与机制。

构建信息公开发布机制。一是强化相关部门贯彻《政府信息公开条例》《环境信息公开办法》等规章制度的力度；二是要不断丰富环境信息发布层次，政府、环境管理部门、企业和有关组织应当通过各类主流媒体及时、全面、准确地向社会公开环境信息，特别是当前公众十分关注的环境质量信息。

完善环境教育组织体制。一是建立环境教育培训机制。针对领导干部，生态意识教育要突出“决策科学性”；针对企业法人，生态意识教育要突出“社会责任性”；针对普通民众，生态意识教育要突出“广泛参与性”。二是逐步完善环境教育组织体制。各级政府、部门要认真履行生态环保宣教职责，有条件的要建立环境宣传教育机构，通过大力开展生态环保宣传，营造全社会参与生态文明建设的良好氛围，持续强化公众的环境主体意识、行动意识。各级组织要依法落实《宁夏回族自治区环境教育条例》。各级政府必须履行职责，把环境教育纳入整体发展规划和年度工作计划，把环境教育经费纳入年度支出预算。各级人大及其常委会要把该条例的实施情况纳入年度执法检查计划，依法进行监督。加强生态文明教育。进一步加强学校的生态文明教育，将生态文明教育内容编入教学大纲，从幼儿园、小学、中学到高等教育，根据每个阶段的不同特点，安排生态文明建设课程教育。编制地方性、特色性生态文明教科书，并把生态文明教育质量的好坏、参与程度作为衡量学校综合排位的重要标准。三是逐步完善新闻媒体的舆论监督机制。制订切实可行的环境新闻和生态文明宣传教育工作计划、实施方案，充分发挥新闻舆论的导向和监督作用，做亮成果宣传、做精典型宣传、做好导向宣传，使随时宣传、随时解释成为环境宣传的常态化机制。

3. 探索市场运行机制

建立社会参与的生态融资机制。一是建立矿产资源生态环保创业投资基金，在吸引社会资金参与宁夏矿产资源的开采与利用的同时，扶植新型产业的发展，促使环保绿色产业与市场经济运行机制有机结合；二是强化环境恢复治理保证金制度的收缴力度和执行力度，将矿山环境恢复治理保证金收缴情况纳入采矿权年检、延续、变更审查范围。三是从水电、旅游等生态公益林直接受益单位的经营收入中抽取一定比例的资金，设立受益部门补偿基金。

推行环境污染第三方治理。一是支持和培育符合条件的第三方治理企业，在工业园区、重点行业积极培育第三方治理的新模式、新业态；二是统筹好公益性和经营性的关系，完善价格调整机制，健全投资回报机制和公共环境权益保障机制。

宁夏生态修复与可持续林业示范区建设研究

徐　忠　张仲举

宁夏自然条件恶劣，生态脆弱，缺林少绿，区域自然条件差异较大，生态类型复杂多样。全区按地貌特征分为山、沙、川三大类，南部为黄土丘陵沟壑区和六盘山土石质山区，中部为毛乌素沙地、腾格里沙漠严重风沙危害区，北部为引黄灌区。全区 80%的地域年降水量在 300 毫米以下，降水量、水资源总量均居全国末位，是全国荒漠化问题最突出的省区之一，荒漠化面积占全区国土面积的 53.5%，沙化面积占国土面积的 22.1%，是风沙进入祖国腹地和京津地区的主要通道和前沿地带。

“丝绸之路经济带”建设是新时期国家重大战略规划，林业在这一战略规划中，起到拓展生态空间、提高生态承载能力、推进区域经济社会可持续发展的作用。面对新形势、新任务和新要求，必须立足建设生态文明和建设美丽宁夏的总体要求，调整和完善宁夏生态建设思路，转变生态建设方式，按照不同自然条件、生态类型，确定生态修复的思路和重点，增强工作的针对性，提高生态修复的成效。全面打造“丝绸之路经济带”重要节点的宁夏建起生态恢复、生态保护和高科技林业示范区，可为丝绸之路经济带建设提供良好的生态环境和新的经济增长点。因此，开展“丝绸之

作者简介　徐忠，宁夏林业厅植树造林与防沙治沙处处长；张仲举，宁夏林业厅植树造林与防沙治沙处工程师。

路经济带"生态修复与可持续林业示范区建设，强化林业对"丝绸之路经济带"建设的服务能力，推进"丝绸之路经济带"建设的可持续发展具有深远的意义。

一、建设宁夏生态修复与可持续林业示范区的重要性

（一）保障丝绸之路经济带畅通的重要载体

自古以来，丝绸之路大多地处西北，一直饱受恶劣的自然环境影响。风沙侵蚀、水土流失、盐渍化、生态系统退化等不利环境因素阻碍了丝绸之路的畅通和发展。以生态修复为主的林业建设能够改善丝路沿线的生态状况，尤其宁夏丝绸之路延续，生态更加脆弱，亟须加大生态修复，为区域旅游、经济提供更加良好的生态环境，为经济社会可持续发展营造良好的外部环境，保障"丝绸之路经济带"的畅通和发展。

（二）全面建设生态文明和"美丽宁夏"的战略选择

自治区党委和政府为了贯彻落实党的生态文明建设总体布局，提出建设"开放宁夏、富裕宁夏、和谐宁夏、美丽宁夏"的战略部署。林业是宁夏"生态文明"和"美丽宁夏"的重要基础，也是重要的组成部分，重点任务是通过植被恢复改善生态条件，通过城乡绿化改善居住环境，通过发展绿色经济改善人民收入。以丝绸之路经济带为视域，宁夏生态恢复与可持续林业示范区建设就是要通过示范区的示范带动，提升宁夏生态修复和生物多样性保护水平，促进宁夏林业发展，加快建设"生态文明"和"美丽宁夏"。

（三）推进宁夏现代林业发展的重大机遇

宁夏生态林业经过多年建设虽然已取得显著成效，但同全国其他省份相比，我们面临森林覆盖率低、森林资源少等现状，距离现代林业的发展还有很长的一段距离。而现代林业建设的发展，主要致力于构建和完善一个健康的林业生态系统。同时，林业大规模的生态化建设，必能促进林业潜能的循环利用，为林业的可持续发展提供强有力的后盾。宁夏处于生态脆弱带，"丝绸之路经济带"战略对宁夏林业发展是一个重大机遇，可快速提升宁夏生态保护与林业发展水平，同时，也对建设国家西部地区生态

屏障、保障生态安全具有重要的促进作用。

（四）保障宁夏社会经济快速发展的绿色底本

林业生态建设具有不可替代性，对抵制自然灾害而言，是一道天然有效的屏障保护，对维持区域生态平衡不可或缺。同时，林业是生态文明建设的基础，林业在全球应对气候变化发挥着越来越重要的作用，是低碳可持续发展的重要工具，林业作为生态环境系统的重要组成部分，通过碳汇的功能，在地球上储存大量的煤炭资源，成为陆地上最大的碳库储备场所。林业建设有利于黄河的稳定流径、保持水土、减轻灾害、促进林业及相关产业发展，为社会提供丰富的生态产品，在进一步改善宁夏生态环境，提升经济社会发展的水平和质量等方面发挥更加重要的作用。

二、宁夏生态修复与可持续林业示范区建设的总体目标

林业可持续发展指的是确保整个森林生态系统可更新能力、生产力以及森林内部生态系统中生态多样性、生态系统物种等不受到损害的前提下，既满足当前的社会、经济发展需求，又不损害其未来满足社会、经济发展需求而开展的林业开发活动。从整体上看，宁夏林业生产还处于劳动密集型发展阶段，林业的生产、培育均比较分散，技术含量不高，森林资源结构有待进一步优化。林业的产业化水平较低，林业生态质量较差，要最大限度地发挥林业的生态、经济功能，就必须树立可持续发展的理念，制订相应的发展政策，以促进林业可持续战略发展目标的实现。

大力推进生态修复，是加快全区经济社会可持续发展的必然选择，是全面建成小康社会的必由之路。宁夏生态修复与可持续林业示范区的总体目标是以生态修复与治理为核心，坚持自然修复与人工措施相结合，产业发展与生态建设相结合。立足资源条件和社会需求的差异性，坚持分类指导、分区施策，科学布局，重点推进，以自然恢复为主，人工生态修复为辅，加快建立完备的生态体系、发达的产业体系和繁荣的生态文化体系，满足广大人民群众日益增长的生态需求。对森林系统通过现实和潜在森林生态环境系统的科学管理、合理经营，维持森林生态系统的健康和活力，维护生物多样性及其生态过程，以此满足社会、经济发展过程中，对森林

产品及其环境服务功能的需求，保障和促进社会、经济、资源、环境的可持续发展，最终以“建设生态文明，打造美丽宁夏”为目标。

三、宁夏生态修复与可持续林业示范区建设现状

（一）宁夏生态恢复和林业建设取得的成效

1. 创建了一套政府扶持、农民主动参与、各方协作的运行机制

生态恢复和林业建设一直是宁夏回族自治区党委、政府关注的重点，也是民生改善的重点领域。改革开放以来，尤其是近20年来，宁夏生态恢复和林业建设突飞猛进，在荒漠化防治及土地退化整治方面，宁夏先后实施了河东、河西防护林工程，三北防护林工程，扬黄灌溉工程，盐池沙漠化土地综合治理工程，中德合作宁夏贺兰山东麓生态防护林工程等一系列重大生态、经济建设工程，全区的沙漠化土地综合整治取得了巨大成就，引黄灌区建立起了带、网、片相结合的荒漠绿洲综合农田防护林体系。此外，一水、二林、三种植的治理模式，水利治沙技术、机械沙障技术、草方格固沙技术、飞播造林种草技术、草原围栏技术、小生物圈技术、植物固沙技术等都在生产中发挥了重要作用，毛乌素干旱风沙区综合治理技术体系和模式有力地支撑了宁夏沙漠化土地的逆转。在南部黄土丘陵区，开展了小流域综合治理、旱作农业体系建立、水土保持林与水源涵养林营造、农村能源建设、草地农业、生态农业建设技术与示范等系列攻关研究，开发了水土保持、退化生态系统恢复、高效生态农业建设、生态产业开发等关键配套技术和生态综合治理模式，形成了包括试验区—示范区—辐射区的推广技术体系，创建了一套政府扶持、农民主动参与、各方协作的运行机制。

2. 按照山、沙、川三大格局，实行分类指导，集中治理，加快生态治理的步伐

从林业建设发展现状看，近年来，宁夏回族自治区党委、政府始终坚持把林业建设作为建设生态文明的基础工程，紧紧抓住国家高度重视生态建设的历史机遇，根据宁夏不同的自然地理条件，按照山、沙、川三大块的格局，实行分类指导，集中治理，加快了生态治理的步伐。认真组织实

施重点林业工程建设，促进了森林资源的快速增长，改善了全区生态状况。通过实施三北防护林、天然林保护、退耕还林、防沙治沙、平原绿化、黄河防护林、绿色通道等重点林业工程，全面实行封山禁牧，加强林木资源管理，全区生态建设取得了较大成就。森林资源持续增长，质量效益明显提高，林业产业快速发展，城市林业得到加强，荒漠化程度明显减轻，生态状况初步改善。目前，全区森林面积由“十一五”末的926万亩增加到1074万亩，森林覆盖率由11.89%提高到13.8%。全区城市建成区绿化覆盖率达到35%，吴忠市、中卫市成功创建国家园林城市，石嘴山市跻身国家森林城市。优势特色林业产业规模不断壮大，积极培育特色经济林、种苗花卉、生态旅游、林纸一体化四大林业优势特色产业。枸杞、葡萄、红枣等优势经济林产业初步形成区域化、规模化、产业化的发展态势，形成了以中宁为核心、清水河流域和贺兰山东麓为两翼的枸杞产业带；以贺兰山东麓地区为主的葡萄产业带；中部干旱风沙区的红枣产业带；银川、吴忠、中卫等城郊的设施果品、花卉及特色果品产业带；宁南山区黄土丘陵区的杏产业带。在宁夏林业建设和林业产业发展过程中，干旱区抗旱造林、沙区植被恢复技术与模式、黄土区退化生态系统恢复、雨水资源化工程技术及高效利用、生态经济型防护林体系林种树种结构与配置优化、抗旱植物品种的引进栽培与示范等方面的系列研究成果，对林业发展起到了重要的科技支撑和推动作用。

（二）宁夏生态修复与可持续林业示范区建设存在的问题

1. 自然条件差，林业建设难度大、任务艰巨

宁夏干旱少雨，自然条件恶劣，造林地立地条件越来越差，人工造林成活率保存率低，林业建设难度大。目前，宁夏森林覆盖率为13.8%，比全国21.63%的森林覆盖率低7.83个百分点，在西北地区，低于陕西、甘肃，高于青海和新疆（青海5.2%，新疆3.2%），生态差距是宁夏与发达省区差距最大的原因之一，成为建设生态文明和美丽宁夏的主要瓶颈，到2020年，要实现森林覆盖率16.8%的目标，任务艰巨。

2. 资金严重不足

一是生态林业建设投入不足。目前，宁夏造林成本越来越高，由于宁夏

用于生态林业建设的资金有限，国家对林业建设的投资均是补贴性的，标准低，每亩仅补贴120~200元，与宁夏林业生产每亩300~1500元实际投入不相适应（人工造林乔木林平均投入1500元/亩，灌木林平均300元/亩）。

二是营造林资金不足。“十二五”期间，宁夏实际人工营造灌木林成本为500~600元/亩，人工营造乔木林成本为1000~2000元/亩，主干道路绿化成本为5000~10000元/亩，城市绿化成本高于10000元/亩。由于地方配套不足，造林补助标准和实际造林成本差距大，造成造林资金缺口大，不能持续支撑营造林面积的快速扩张，造林质量得不到保障，形成市县“造林越多，欠账越多”的困境，有的市县造林欠账高达3亿~5亿元。

三是管护经费缺乏。近年来，宁夏造林面积迅速增加，林木管护面积已达1630多万亩，但林木管护的资金仅能满足管护人员工资，林木病虫鼠兔害的防治、森林防火等经费严重缺乏，林业建设成果难以得到有效保护。

3. 宜林地面积减少，营造林空间受限

根据2010年《宁夏森林资源连续清查第四次复查成果》和《宁夏林地保护利用规划（2010—2020年）》，宁夏现有林地面积2700万亩，其中仅有780万亩宜林地面积可用于今后的营造林，需要进一步优化营造林结构，调整造林目标。

4. 造林地条件较差，营造林难度增大

经过多年的造林，立地条件相对较好的宜林地已实施了造林，现有的宜林地立地条件越来越差，造林难度越来越大，造林地块越来越破碎，造林成活率、保存率巩固越来越难，需经多次补植补造才能达到标准，致使营造林工程量成倍增加。

5. 营造林理念落后，营造林成效不高

多年来，宁夏一直以大面积造林来保证林业生态建设的快速发展，重造轻管、重数量轻质量的现象比较严重，致使造林成活率、保存率低下，达不到造林85%的成活率、保存率70%的国家标准，造林成效不显著。

6. 营造林结构简单，森林转化率偏低

目前，宁夏营造林以人工造林和封山育林为主，缺乏林地经营能力，林地管理粗放，成林率偏低，森林覆盖率不能持续增长。据对宁夏20年来的森林转化率测算，森林转化率只有26%，退耕还林工程的成林率最高，也仅在50%以内。

四、宁夏生态修复与可持续林业示范区建设内容与措施

（一）宁夏生态修复与可持续林业示范区规划及布局

要按照区域气候、土地、财力、区域发展战略等特点，科学制订区域生态修复与可持续林业示范区规划。在总结宁夏生态移民迁出区生态修复的基础上，结合六盘山水源涵养和水土流失防治生态屏障、贺兰山防风防沙生态屏障、中部干旱带和宁夏平原绿洲生态带为骨架的“两屏两带”生态安全战略，在北部引黄灌区以农田和湿地生态系统建设为核心，建设湿地生态恢复示范区；在中部干旱带以防沙治沙为核心，建设生态恢复与防沙治沙综合示范区；南部山区以移民迁出区为核心，建设水土保持与生态修复综合示范区；在六盘山自然保护区，建设生物多样性保护与森林生态系统自然恢复示范区。同时引进适生抗旱新品种、构建多功能林业体系、改造低质林分，通过试验示范，充分挖掘林业的多功能多效益潜力，提升生态系统的服务功能；加强生态修复示范带动作用，增强涵养水源、保持水土、防风固沙等重要生态功能，提高宁夏的生态环境承载力，构筑西部重要生态屏障。

（二）宁夏生态修复与可持续林业示范区建设内容

1. 启动古丝绸之路绿色廊道建设工程

以保护古丝绸之路物质文化遗产为出发点，在古丝绸之路沿线开展生态修复和旅游开发。通过封育保护、造林补植和流域综合治理等措施，恢复植被、改善已有林分结构、提升生态功能、改善丝路沿线生态环境。开发丝绸之路沿线旅游资源，整合固原地区须弥山文化古迹、火石寨地质奇观、六盘山森林游憩等文化和旅游资源，形成古丝绸之路旅游线路。工程建设形成200公里古丝绸之路绿色廊道生态恢复示范区，打造一条古丝绸之路旅游线路，带动区域林业建设和社会经济发展。

2. 干旱风沙区草地生态修复工程

在干旱风沙区以防沙固沙和草地生态恢复为主，引进优良适生草种，

开展草原补播和轮牧管理等方式提升草地质量和草地生产力，增加草地产草量和草原承载力，与草畜产业联动发展，支持宁夏清真牛羊肉产业的发展；对沙化退化草地，进一步加强禁牧工作，推进草地自然修复，提升草地植被覆盖度，控制土壤风蚀；在丘间低地等水分条件较好的立地，加强灌木林营造和补植，扩大灌木林面积，巩固固沙成果。

3. 沿黄湿地生态修复工程

将宁夏沿黄湿地统一整合，统一规划，统一管理，作为一个整体申报“国家宁夏沿黄湿地自然保护区”，提升区域景观，打造沿黄湿地旅游循环经济圈。重点以沿黄城市带湿地公园建设为契机，加强人工湿地建设和自然湿地保护，发掘湿地游憩及旅游资源，提升湿地在城市美化建设中的作用；开展黄河两岸湿地生态保育，加强湿地生态恢复，扩大湿地面积，在一定条件下引进湿地物种，增加湿地生物多样性、生态稳定性，提升湿地生态功能，增强黄河湿地的保护水平；加强水环境和土壤污染状况监测，控制湿地周边污染物排放，保护湿地环境；利用湿地净化农田灌溉退水，控制面源污染，提升湿地生态系统的净化水质能力。

4. 防沙治沙技术综合展示区工程

加快灵武市白芨滩、中卫市沙坡头国家沙漠公园建设，推进宁夏防沙治沙技术与沙漠公园、治沙示范区的结合，支持白芨滩建设中国治沙馆，治沙馆以展示宁夏各类防沙治沙技术为主，综合国内外防沙治沙技术，开展分区域、分类型的防沙治沙技术综合展示与对比。以综合展示区为平台，通过试验对比、技术整合、技术创新与理论凝练，进一步提升宁夏防沙治沙理论和技术水平。以“阿拉伯国家防沙治沙技术培训班”为平台，培训国外技术人员。通过展示和培训，把宁夏在防沙治沙领域的技术成果推向世界，增强宁夏在防沙治沙技术领域的国际影响力，同时也加强宁夏与中东国家的交流沟通，推进宁夏治沙技术的输出。

5. 实施生物多样性保护及利用示范区

加快全区生态保护红线的出台和实施，要规范自然保护区建设与管理，推动自然保护区由“数量规模型”向“质量效益型”转变；制订全区主要物种资源保护规划和保护实施方案，建设生物多样性保护示范区，建立生物多样性监测、评价和预警制度。在保障生态安全、不造成新物种入侵的基础上，适当引进优良适生生态新品种、优质高效经济林草新品种，服务于宁夏生态环境建设和林业经济发展；通过生物多样性保护示范区建设，提升生物多样性保护水平，增加生物资源潜力。开展物种资源开发与能源植物引种栽培技术示范，增强物种资源开发对社会经济发展的支撑力度。

6. 加快宁夏特色优势林产业发展

要优先做强做大宁夏葡萄和枸杞两大支柱特色林产业，进一步提升葡萄、枸杞和红枣三大林产品的规模和效益。加快干旱半干旱区物种资源开发及引种栽培示范，以文冠果和油用牡丹为主，开展能源资源植物开发、引种栽培示范，尝试以文冠果为主要树种进行生态修复试验，研发黄土丘陵区、中部干旱带和风沙区文冠果造林技术，扩大文冠果在生态修复中的应用，提升文冠果的生态及经济价值。在现有油用牡丹引种栽培的基础上，开展不同区域油用牡丹示范栽培与适应性评价，并建立苗圃地进行育苗扩繁。在六盘山及周边区域建立油用牡丹种植示范基地，通过高产种植技术研发、示范与推广扩大油用牡丹种植面积。鼓励在区内适宜区域闲置土地栽植油用牡丹，发展生态经济。在干旱风沙区，鼓励以新能源开发、沙漠旅游、沙区草畜产业、沙地设施栽培、沙区中药材产业开发与示范为主的绿色产业发展，通过扶持清洁能源及光伏、清真牛羊肉、林果产品加工等现有产业的规模和产品品种，延伸沙产业的产业链条，提升沙产业的综合效益。结合伊斯兰文化优势，扶持须弥山、火石寨、六盘山、贺兰山等区域的休闲娱乐、文化旅游和生态旅游业开发，引导中亚及中东地区游客来宁夏旅游，增强与丝路沿线国家的互联互通。加快宁夏节水林业发展，借鉴新疆发展节水林业的经验，在生产中推广节水灌溉技术，以微喷灌、渗灌和滴灌技术为主，通过灌溉管网优化、灌溉制度优化提高节水灌溉效率。在灌溉中推广水肥一体化管理技术，提高经济林综合管理水平。研究解决节水灌溉中滴头堵塞、灌溉不均匀等技术性问题，加快林业节水技术推广。通过打造特色产业绿色循环经济示范区建设，进一步提升宁夏林产业及生态产业效益。

（三）宁夏生态修复与林业可持续示范区建设实施措施

1. 加强组织领导

各有关部门、各市县（区）要深刻认识加快宁夏生态修复与林业可持续发展示范区的重大意义，要充分认识生态修复在生态文明建设中的重要地位，深刻认识加强生态修复与林业可持续发展示范区建设对促进经济社会发展中的重要性和紧迫性，将其纳入地方经济和社会发展规划，切实摆上各级党委、政府的重要工作议事日程。要按照各生态类型的特点，突出重点，打造亮点，加快推进当地生态修复与林业可持续工作。

2. 明确职责，形成合力

各级政府对本地区生态修复工作全面负责，政府主要负责同志是第一责任人。要按照各生态类型的特点，合理划分各有关部门的职责，自治区发改、财政、农牧、林业、水利、城建等部门要各司其职、各尽其能、密切配合、形成合力。发改部门要将生态建设工作纳入自治区发展规划，做好项目支撑；财政部门要积极安排生态建设的资金投入；林业部门要全面负责生态修复工作的组织协调，加大植树造林力度，重点抓好荒漠化土地综合治理和南部山区黄土丘陵沟壑区的综合治理，抓好城市景观生态区建设，加强对自然保护区的管理；农业部门要积极做好引黄灌区平原农田生态系统修复工作，抓好草原生态修复工作，加强草原补播改良；城建部门要抓好城市绿色生态景观建设；水利部门要加强南部山区水土流失治理，促进南部山区生态改善，加快六盘山水源涵养生态长廊建设。

3. 拓宽投融资渠道，形成促进社会投资生态修复的长效机制

各级政府要把生态修复作为公共财政支持的重点，每年列出一定比例的资金予以保障。启动实施自治区财政生态修复与林业可持续示范区项目，自治区财政每年安排一定的资金，与国家重点工程林业补助资金配套使用，增加造林和管护的资金投入。国家重点林业生态工程项目的配套资金要按规定纳入各级财政预算，予以足额落实。要建立森林、草原生态效益补偿基金，并纳入各级财政预算，实行分级投入，逐年增加资金规模。要根据不同生态区域特点，整合相关项目，将以工代赈、农业综合开发、农业结构调整和扶贫开发等财政支农资金拼盘使用，共同推进生态建设。积极创

新投融资体制，引导各类社会主体投资生态建设。

4. 创新体制机制，增强生态建设的动力和活力

要发挥政府资金“四两拨千斤”的作用，出台各项优惠政策措施汇集生态修复与林业可持续示范区，重点强化基础设施建设及用水、用电的优惠政策，尤其在道路、渠系、供电等基础设施项目建设安排时，对防沙治沙建设相关的项目给予资金倾斜。对生态建设灌溉用水、用电方面，自治区要给予农业用水、用电的最低价格优惠。进一步深化集体林权制度改革，统筹安排好各项配套改革措施，建立新型的生态管理体制，完善市场体系建设，建立健全生态建设社会化服务体系。创新社会参与生态建设的形式，积极探索政府同社会资本相结合开展“美丽乡村建设、生态旅游、沙漠公园、市民休闲、森林公园”等活动，进一步开展碳汇林、慈善林以及公益林的认建、认养、购买活动，丰富义务植树的形式。建立和完善促进各种所有制主体参与生态林业建设的政策机制，用利益机制调动群众参与生态修复与林业可持续建设的积极性。

宁夏草原生态建设成效及保护对策

张　宇

宁夏位于西北内陆，居黄河中游上段，国土总面积6.64万平方公里。20世纪80年代中期全国第一次草原资源普查时，宁夏有天然草原面积301.56万公顷，占全区土地总面积的45.4%。2001年新的国土资源普查结果显示，现存草原面积244.46万公顷。宁夏天然草原具有明显的水平分布规律，从南到北依次分布着森林草原、草甸草原、干草原、荒漠草原等11个草原类型。干草原和荒漠草原是宁夏草地植被的主体，分别占草地总面积的24%和55%。天然草原主要分布在南部黄土高原和中部风沙干旱地区，是宁夏生态系统的重要组成部分和黄河中游上段的重要生态保护屏障。

由于长期过度放牧、滥采乱挖乱垦等不合理的生产经营活动，造成全区不同类型草原均不同程度大面积退化沙化，中度退化的草原面积达66.57万公顷，占草原总面积的27%，重度退化面积85.04万公顷，占草原总面积的35%，在各类退化草原面积中，沙化面积大约为25%；中部干旱带由于草原沙化，是国家环保局、中科院确定的我国沙尘暴区之一。

一、草原的生态地位及功能

草原是宁夏面积最大的陆地生态系统，也是草原畜牧业发展的重要物

作者简介　张宇，宁夏回族自治区草原工作站副科长，高级畜牧师。

质基础和牧民增收的主要依靠，在生态文明建设及经济社会发展等方面具有举足轻重的作用。

（一）调节气候，涵养水源

宁夏南部的六盘山及其支脉瓦亭梁山、小黄峁山以及向南延伸到月亮山、南华山，被誉为黄土高原上的湿岛和黄土高原的肺，涵养着森林草原、草甸草原、山地草甸和灌丛草甸，面积约为7.34万公顷，这几类草原面积虽然不大，但与当地的森林生态系统融为一体，在六盘山地区的水源涵养中发挥着极为重要的作用。在森林植被和草原植被涵养水源的作用下，六盘山成为泾河、葫芦河和祖历河的发源地，这些河流是宁夏南部山区的主要水源，涵蓄地表径流约1.7亿立方米，占全区天然地表水资源总量的15%，在维护当地生态系统平衡，特别是水资源平衡中，草原植被功不可没。

（二）保持水土，培肥土壤

宁夏南部黄土丘陵地区的干草原是当地生态系统的植被主体，由于长期单一强调发展种植业而遭到大量开垦破坏，造成严重水土流失，宁夏每年输入黄河的泥沙达1亿吨，主要来自黄土丘陵地区。在这一地区进行的众多研究表明，在黄土高原地区，农田比草地的水土流失量高40~100倍，种草的坡地地表径流量可减少47%，冲刷量减少77%。更值得指出的是，草地防止水土流失的能力明显高于灌丛和林地，例如，生长3~8年的林地，拦蓄地表径流的能力为34%，而生长2年的草地拦蓄地表径流的能力达54%，高于林地20个百分点，草地可减少径流中的含沙量达70.3%，而林地仅为37.3%。

草地植被在土壤表层下具有大量稠密的根系并残留大量有机物质，在土壤微生物的作用下，可以改善土壤理化性状，促进土壤团粒结构的形成。草地中的豆科牧草，其根系上有大量根瘤菌，能固定空气中的游离氮素，为土壤提供氮肥，从而培肥地力，一般以豆科牧草为主的草地，平均每年可固定空气中的氮素150~200公斤/公顷，种植3年紫花苜蓿的土壤可形成氮素150公斤/公顷，相当于330公斤尿素。在苜蓿根系中，氮、磷、钾、钙等营养元素的含量也比禾谷类作物高3~7倍，这在旱作农田生态系统中具有重要的意义。

（三）防风固沙

主要分布于宁夏中部干旱带的荒漠草原是宁夏天然草原的主体，这一区域被腾格里沙漠、乌兰布和沙漠与毛乌素沙漠三面包围，长期干旱少雨，年降水量350~200毫米。自然环境条件恶劣，草原生态系统结构简单、功能脆弱，风沙灾害频繁，被国家环保总局和中科院确定为我国四大沙尘暴沙源之一，成为草原生态建设最主要的问题。该区域群众生活贫困，宁夏107万贫困人口中有近50%属于该区域，农民人均收入远低于宁夏平均水平，是宁夏社会、经济最不发达的区域之一。草原植被破坏是沙尘暴灾害频发的主要诱因。

（四）保持生物多样性

生物多样性是生物与环境形成的生态复合体以及与此相关的各种生态过程的综合，包括动物、植物、微生物和它们拥有的基因以及它们与其生存环境形成的复杂生态系统，保持生物多样性是人类繁衍和发展的最基本物质基础。宁夏国土面积虽然只有6.64万平方公里，但由于处在东部季风区与西部干旱区、黄土高原与鄂尔多斯高原的交汇过渡地带，复杂多变的地形地貌与气候条件，造就了其丰富多样的天然草原类型，从南到北依次分布着森林草原、草甸草原、干草原、荒漠草原、草原化荒漠等11个草地类和353个草地型，成为动植物资源生息、繁衍的宝贵场所，孕育了种类繁多的动植物资源，有各类饲用植物12390种，其中饲用价值优良的180种，占13.9%，中等以上饲用价值的453种，占35.1%，有毒有害植物135种。特别是在干旱草原保存了许多宝贵的小麦近缘植物资源及其原生境，在我国的落实增产因素中，生物物种资源起了重要的作用。

（五）美化环境、旅游休闲

城市人均绿地面积的多少已成为衡量一个城市文明程度与进步的重要指标之一。每公顷草地每天可产生600公斤氧气，吸收900公斤二氧化碳，以成人每天呼吸0.75公斤氧气、排出0.9公斤二氧化碳计算，每人要有25~30平方米的草地才能满足健康需要。草地对空气中的灰尘和一些有毒气体具有吸附净化作用，并能减缓噪声污染。城市中的草坪及草原保护区的自然植被景观，越来越成为人民日常休闲和旅游观光的最佳去处。大力发展草原景观旅游是建设人与自然和谐相处的重要内容之一。

二、草原生态建设取得的成效

为了加强草原建设，改善和恢复草原生态系统的良性循环，国家实施了草原保护建设工程项目，这一工程的实施，对改善宁夏草地生态环境、提高草地生产能力、恢复草原植被、发展草地畜牧业起到了重要的作用。

（一）禁牧封育，大力发展禁牧后续产业

2011年，自治区颁布了《宁夏回族自治区禁牧封育条例》，这是全国第一部关于草原禁牧封育的地方性法规，是宁夏继《自治区草原管理条例》之后制定的又一部草原保护配套法规。《禁牧封育条例》在禁牧和封育方面做了具体明确的规定，界定了禁牧封育的概念，明确了禁牧封育工作行政主管部门和乡（镇）人民政府的职责，使宁夏的草原执法监督管理工作得到进一步加强。2015年，为了杜绝禁牧封育反弹，巩固禁牧封育成果，农牧厅与林业厅联合出台了《进一步加强宁夏禁牧封育工作》10项新规。先后出台了《关于加快中部干旱带草地生态建设与发展畜牧业的意见》《关于加快发展现代畜牧业的意见》等禁牧封育配套政策。在政策层面上把禁牧及草原生态建设与发展现代畜牧业紧密结合起来，总体设计、统筹规划。

自2003年5月1日宁夏率先在全国实行天然草原禁牧封育以来，宁夏各地认真贯彻落实自治区关于草原禁牧封育和发展草畜产业的一系列政策，转变观念，广泛宣传，落实责任，紧密配合，真抓实干，全境244.46万公顷天然草原得以休养生息，草原资源、生态环境得以保护。在实施草原禁牧封育的同时，宁夏启动实施了“百万亩人工种草工程”，每年种植6.67万公顷优质人工饲草，截至2014年底，宁夏多年生人工草地留床面积达40万公顷，比禁牧前增长1.22倍，有效地缓解了禁牧后饲草短缺问题。同时大力支持舍饲棚圈、青贮池等基础设施建设，促进畜牧业生产基础条件的全面改善，引导畜牧养殖业由过去严重依赖天然草原放牧的粗放型生产方式向舍饲和园区化集约型生产方式转变，确保禁牧农牧民畜牧业养殖规模和收入“两不减”。草原生态建设和草畜产业步入良性发展轨道，实现了“禁牧不禁养”“减畜不减肉”“减畜不减收”的目标，初步形成了“草原

绿起来，产业强起来，农牧民富起来”的互动机制，实现了生态与经济的双赢。

（二）草原生态补奖政策实施成效显著

从2011—2015年11月，宁夏累计向34.4万农牧户兑付补助资金近12亿，禁牧补助面积176.49万公顷，其中盐池县、同心县及海原县牧民生产资料综合补贴17.748万户，牧草良种补贴面积38.02万公顷，覆盖了宁夏全部多年生牧草留床面积。通过实施草原补奖政策，草原植被持续恢复、生态环境明显改善，草原畜牧业综合生产能力和养殖规模化程度明显提高，农牧民收入持续增加。据监测，2014年，宁夏草原植被综合盖度平均达58.3%，天然草原鲜草总产量为445.51万吨，干草产量为195.3万吨，分别比2010年提高11.2%、1.5%；宁夏肉牛、肉羊、奶牛饲养量分别达235万头、1650万只、58万头，规模养殖比重分别达到32%、39.6%、65%；2011—2014年全区农牧民纯收入每年保持两位数增长速度，2014年人均达到8410元，其中农牧民人均来自草畜产业的收入占35%。

（三）草原生态环境明显改善

通过退牧还草、天然草原植被恢复与建设、飞播种草等一系列项目的实施，宁夏草原生态环境得到明显改善。

退牧还草工程。2003—2015年11月，中央总投资54754万元，经过十多年的工程建设，完成草原围栏155.41万公顷，退化草原补播50.83万公顷，人工饲草地2.068万公顷，舍饲棚圈建设112万平方米。仅“十二五”期间，每年补播改良退化草原5万~6.7万公顷，建设人工饲草基地0.47万公顷，建设舍饲棚圈28万平方米。取得了显著的经济、社会和生态效益，成为宁夏草原生态建设的骨干工程。

天然草原植被恢复与建设项目。2000—2002年，国家计委、农业部安排宁夏7个县市天然草原植被恢复与建设项目，通过该项目建设，植被覆盖度由原来的25%提高到85%，草产量由原来的每亩30公斤提高到140公斤。极大地提高了项目区天然草原植被覆盖度和草地生产力水平。项目区草原生态系统趋向良性循环，草地生态系统蓄水保土、防风固沙等功效进一步增强。宁夏南部黄土丘陵地区的水土流失状况得到有效遏制，旱灾危害程度减缓。中部干旱草原区草地退化沙化局面从根本上得以扭转，沙尘暴等灾害性天气减少。

飞播种草项目。飞播草场是发展草地畜牧业的重要物质基础，是野生动物生息繁衍的场所，不仅有较高的经济效益，而且具有巨大的生态效益和社会效益。该项目的实施，使项目区草原植被盖度由飞播前的不足15%提高到65%；牧草产量增长3倍以上，优质牧草所占的比重提高40%以上。

草原无鼠害示范区建设。在农业部的大力支持下，在自治区行政和业务部门的组织领导及各市县畜牧草原部门的努力下，宁夏草原灭鼠工作以草原无鼠害示范区建设为基本形式，按照“统筹规划，突出重点，加强监测，综合防治，保证防效”的方针，坚持“集中力量，连片防治，同防同治，治标与治本并举，灭效与环保并重”的原则，贯彻“治虫灭鼠与草地承包相结合，灾害防治与草地建设相结合，化学防治与生物防治相结合”的防治路线，结合草原鼠虫害发生、发展的特点和危害程度，采取草原治虫灭鼠与草原承包责任制结合的方法，在大面积草原实施了鼠虫害防治，鼠虫害监测预报，新技术引进与推广等措施，通过综合治理，取得了较好的成绩。

三、草原建设存在的问题

长期以来，天然草原被当作宜农荒地不断开垦。自20世纪80年代以来，经过几次大开荒，已有800多万亩草原被开垦。农牧区人口与牲畜增长过快，草原超载过牧，不堪重负。在天然草原上滥挖药材、乱搂发菜、乱伐林木和樵采、乱挖金以及开矿等人为活动，严重破坏了草原植被。由于投入不足，基础设施薄弱，建设标准低和保护不力，造成草原建设速度赶不上退化速度，突出地表现在以下几个方面。

（一）天然草原面积持续减少

自20世纪80年代中期至90年代末，受土地承包制、“四荒地”拍卖等政策因素影响，一度刺激了群众开垦草原的积极性，使得宁夏黄土高原区的天然草原面积持续减少。截至2001年，全区草原面积减少56.7万公顷，其中黄土高原区减少330万亩，减少32%。近年来，随着社会经济的快速发展，交通、能源等领域的国家和自治区重点建设项目占用的草原日益增多，草原面积又减少33.35万多公顷。天然草原保护形势十分严峻。

（二）天然草原退化严重

目前，90%的可利用天然草原不同程度地退化，其中覆盖度降低、沙化、盐渍化等中度以上明显退化的草原面积已占半数。草原退化使草原质量不断下降。随着天然草原面积的日益缩小，牲畜日益增加，导致常年用于放牧的牧区天然草原将进一步退化，一部分甚至会失去利用价值，成为沙地、裸地或盐碱滩。草原生态环境日趋恶化，沙尘暴、荒漠化等危害日益加剧，已成为制约社会、经济可持续发展的主要瓶颈。

（三）饲草短缺矛盾依然突出

自治区政府在加大饲草料基地及发展草原生态后续产业方面做了大量工作，饲草料基地得到很大发展。但由于地方财力投入有限，饲草地建设规模依然不能满足畜牧业快速发展对优质饲草的要求，草畜矛盾仍然突出。偷牧现象时有发生，在部分地方还一度引起干群关系对立，给草原禁牧封育带来了比较大的压力。

（四）草原承包和基本草原划定不彻底

因近年来撤乡并镇、生态移民和地方经济建设发展的需要，个别地方已经承包的草原出现了人地分离、行政管辖脱节等现象，管理出现死角，同时影响草原承包的长期有效稳定。个别市县第二轮草原承包工作没有落实到位，致使草原生态补奖禁牧补助不能落实到户。基本草原划定工作起步晚，不彻底。

（五）征占用草原审核不严格

乱征占用草原未经草原主管部门审核的现象仍然比较突出。铁路、公路、风电光伏电、输气输电、工业园区等建设，大部分都需占用大量草原，但是在开工建设中基本上没有征求草原主管部门的意见，没有依法办理草原使用的权属变更手续。2011—2013年全区征占用草原项目67个，占用草原面积4.3万亩，其中8个项目报草原行政主管部门审核。按照自治区草原植被恢复费最低标准，应征收1.16亿元，实际只征收到133.69万元。

（六）草原监理执法体系不健全

草原监理执法体系还不够健全。有些市县的草原执法主体不明确，村级草管员制度亟待建立，落实禁牧封育政策和巩固草原承包制度缺乏组织保障。目前，宁夏只有自治区草原监理中心和一个市级草原监理站、两个县级草原监理站，分别与同级草原工作站实行一套人马两块牌子，大部分地市县尚未成立草原监理机构，草原执法主体与职责不明确，极大地影响了草原违法案件的查处与执行力度。

四、加快草原保护和建设的对策建议

2015 年 9 月，中共中央、国务院印发了《关于加快推进生态文明建设的意见》（以下简称《意见》），《意见》对当前和今后一段时期，我国草原保护建设的主要目标、工作重点及制度建设做出了具体部署。《意见》提出，加大退牧还草力度，继续实行草原生态保护补助奖励政策，提高草原植被覆盖率，增加草原碳汇。到 2020 年，全国草原综合植被覆盖度达到 56%。加快推进基本草原划定和保护工作，科学划定草原生态红线，修订《中华人民共和国草原法》。严格落实禁牧休牧和草畜平衡制度，稳定和完善草原承包经营制度，对草原等自然生态空间进行统一确权登记，明确国土空间的自然资源资产所有者、监管者及其责任，加快推进草原等的统计监测核算能力建设等。其中，草原综合植被覆盖度作为重要的约束性指标，在中共中央国务院的文件中得以确立。对于巩固当前草原生态保护建设、约束各级政府以牺牲草原资源为代价换取短期发展行为、有序推进草原损害赔偿、责任追究等生态文明制度建设提供了有力支撑，意义重大，影响深远。

（一）建立健全草原监理执法体系

建议在中卫市、吴忠市、石嘴山市、银川市设立地级监理机构，在草地面积占国土面积 20%以上的彭阳、西吉、海原、中宁、同心、盐池、平罗等县（市、区）成立县级草地监理执法机构，装备办公和执法设备，开展草原监理执法业务培训，整体提高草原执法人员的素质和水平，使执法主体明确，执法行为规范，行政执法合法、及时、准确和有效。

（二）实施重大生态保护和修复工程，合理布局生态修复措施

按照草原生态特点、自然条件和生态建设水平，重点在六盘山水源涵

养区、黄土丘陵水土保持区、干旱带防风固沙区，针对不同区域类型的特点，合理布局生态修复措施，提高草原植被覆盖率，有序实现休养生息。严格落实禁牧休牧制度；加大退牧还草力度，继续实行草原生态保护补助奖励政策，稳定和完善草原承包经营制。

（三）划定基本草原范围

根据《中华人民共和国草原法》规定，应当将宁夏下列草原划定为基本草原：重要放牧场、割草场、人工草地、草种基地、改良草地。它他对调节气候、涵养水源、保持水土、防风固沙具有特殊作用。并且面积在33.35公顷以上的草原、国家重点保护野生动植物生存环境的草原、草原科研及教学试验基地，国务院规定应当划定为基本草原。

（四）建立基本草原保护制度

划定基本草原可以掌握宁夏全境草原资源利用和管理现状，为开展农牧业功能区划、确定草原保护建设重点及畜牧业可持续发展提供科学依据。建议以盐池县、彭阳县划定基本草原的试点经验为基础，下一步要尽快将宁夏80%的可利用草原划定为基本草原。将划定的基本草原纳入更加严格的保护范围，树立像保护基本农田一样保护基本草原的理念，实施最严格的保护，确保基本草原用途不改变，数量不减少，质量不下降。做到地点范围清楚，界线明确，标志显著，数据准确，图册相符，并进行统一登记建档，全面实行信息档案资料的电子化管理。建立健全县、乡、村基本草原数据库，并在划定区域内设立保护标志。

（五）逐步确立“草原生态保护红线”制度

“生态红线”是对当前大力发展经济与资源保护矛盾关系的重新认识与管理，标志着未来政策体系下的生态保护标准将更趋清晰和严格。为保护草原资源，有偿使用草原资源，将宁夏重要的草原生态功能区、生态环境敏感区和脆弱区划入草原生态保护红线区内。根据《宁夏回族自治区生态红线（征求意见稿）》要求，参照《国家生态保护红线——生态功能基线划定技术指南（试行）》《宁夏空间发展战略规划》，制订《宁夏草原生态保护红线划定工作方案》，旨在确立宁夏草原保护与发展关系，预防和控制各类不合理开发建设活动对草原生态功能的破坏，构建生态安全格局，提升生态文明建设水平。在划为生态红线的草原功能区，严守生态功能保障基线、环境安全底线、资源利用上线，建立保护利用制度，建立生态环境损害责任追究制，探索草原资源资产负债制度。

（六）建立草原不动产统一登记制度

随着国家不动产统一登记制度的出台，下一步国土资源部门将统一把草原资源作为不动产进行统一登记，建立不动产登记信息管理基础平台和依法公开查询系统。以草原承包经营责任制为基础，宁夏将积极配合进行草原资源不动产登记，从而达到对草原资源实行有效保护和管理，实现不动产审批、交易和登记信息在各有关部门间依法依规互通共享。通过将草原资源作为不动产统一登记，使草原承包经营者的权益更好地受到保护，有效增加其财产性收入。

专题研究篇

宁夏限制开发生态区主体功能区建设试点示范研究

米文宝

《全国主体功能区规划》将国家重点生态功能区分为水源涵养型、水土保持型、防风固沙型和生物多样性维护型四种类型。深入理解和把握国家对各类型限制开发生态区发展方向、定位和内涵，分析宁夏限制开发生态区各县资源环境特征和存在问题，确定发展目标和发展方向，从国土空间开发格局构建和重点建设任务两个方面结合研究，提出发展路径，并提出制度建设和政策配套及保障措施，对合理规划区域发展空间格局，发挥区域优势，促进区域绿色发展和可持续发展具有重要的意义。

一、不同类型限制开发生态区主体功能区建设总体要求

宁夏回族自治区的彭阳、泾源、隆德、盐池、同心、西吉、海原、红寺堡八县（区）是宁夏主体功能区规划确定的限制开发的生态区，是国家确定的“黄土高原丘陵沟壑水土保持生态功能区”。国家对其功能定位是保障国家生态安全的重要区域，人与自然和谐相处的示范区。

国家对宁夏限制开发生态区未来发展的任务要求集中在“生态安全”方面。可以概括为三个方面：一是要求围绕生态安全，开展经济社会发展

作者简介 米文宝，宁夏大学资源环境学院院长，教授，博士生导师。

规划和落实；二是要求生态环境的持续改善，强调生态服务功能的持续增加，从空间上必须保持点状开发的状态；三是强调环境友好型产业发展的目标，要对现有县域的开采业和污染工业进行淘汰升级。综上所述，作为限制开发生态区，未来建设的要求可以理解为在现状空间利用的范围内，既要解决发展和民生问题，又要进行生态保护建设。

结合宁夏限制开发生态区经济社会发展的实际情况，要实现“建设人与自然和谐相处示范区，推进生态文明建设先行区”的目标要求，就必须树立尊重自然、顺应自然、保护自然的生态文明理念。在坚持“生态主导，优先保护；严格准入，集约开发；科学发展，优化结构；协调开发，分步推进”基本原则的前提下，科学划定生产、生活、生态空间开发管制界限，强化空间管控，分类调控，突出重点，调整建设内容，创新建设方式，规范建设秩序，提高建设效率，着力构建符合生态发展要求的城镇化格局、农业发展格局和生态安全格局。将因地制宜地发展资源环境可承载的特色生态经济产业作为首要任务，着力探索限制开发区域科学发展的新模式、新途径，通过增强生态优势形成资源优势，支撑民生改善，促进城乡、区域及人口、经济、资源环境协调发展。

二、不同类型限制开发区主体功能建设分析

（一）水土保持型限制开发生态区主体功能建设——以彭阳县为例

1. 区域概况

彭阳县位于宁夏回族自治区东南边隅，六盘山东麓泾河流域，属温带半干旱气候区，为典型的大陆性季风气候。多年平均降水量为 475 毫米且年蒸发量较大。主要植被类型有温带针叶林、落叶阔叶林、落叶阔叶灌丛、草原、草甸等类型。“十二五”以来，彭阳县经济规模持续扩大，在固原市中综合实力较强，2013 年实现地区生产总值 35.5 亿元，成为固原五县（区）第一个、宁南九县（区）第二个进入“亿元俱乐部”的县。旅游、农业、劳务、能源等优势特色产业初具规模，发展速度快，前景广阔。2013 年末，县域人口密度为 103 人/公顷，人口总数减少，目前，县域人口总体压力较小，生态压力缓解，社会事业蓬勃发展，为主体功能区试点示范提

供了良好基础。

2. 资源环境特征

彭阳县土地总面积2528.65公顷，2013年人均耕地面积5.57亩，土地资源相对丰富。《宁夏主体功能区规划》评价的人均可利用土地资源处于宁夏中等水平。县境内野生动物100余种，植物资源500余种，动植物资源优势明显。境内已探明矿产资源有煤炭、石油等9种资源，优势明显，开发前景广阔。县内旅游资源较为丰富，有五峰山、茹河瀑布、战国秦长城、朝那古城遗址、任山河烈士陵园等多处资源。

根据《宁夏生态功能区划》，彭阳县整体处于农牧交错带，草场退化、旱作农业不稳定、水土流失严重，水资源量少质差。全县灾害性天气有干旱、霜冻、大风、沙尘暴、冰雹等，发生频繁且持续时间长，影响范围广，易造成较大损失。彭阳县虽处两省三市交界位置，但交通基础设施总量不足，交通优势相对较低。境内路况大多较差，各乡镇间交通联系不便捷，综合运输网络不够完善，未形成良好的区域联动。依据《省级主体功能区划分技术规程》评价结果为交通优势度低。

3. 国土开发现状及主要问题

彭阳县是国家水土保持生态文明县。经过多年努力，生态环境明显好转，生态功能得以显现。国土空间呈现三大生态功能区，即北部梁峁丘陵退耕还林还草生态功能区，中南部茹河河谷残塬综合生态功能区和西南部土石质山区林区生态功能区。城镇体系空间呈现“两核三带”格局。县内以县城（白阳镇）、北部王洼镇为中心，构成了以“两核三带”为主的空间格局，其他乡镇均为点状分布。农业生产空间呈现两大板块，分别包括中北部旱作节水农业区和中南部红茹河设施农业区。工业生产空间呈点状分布于北部的罗洼乡、王洼镇。其他工业用地主要集中在县城白阳镇。

彭阳县在长期发展过程中，一些问题也逐步凸显。一是国土空间结构不合理，国土开发强度高，并存在工农业生产空间挤占一定湿地、林地、草地等生态空间现象；二是空间利用效率、土地效益较低；三是城镇化水平低，城镇规模小，集聚度低，公共服务能力相对滞后；四是山川城乡差距明显；五是产业发展水平低，处于发展的初始阶段，结构优化度低；六是经济生态协调压力较大。

4. 确定主要发展目标

根据对“生态彭阳、宜居彭阳、富裕彭阳、诚信彭阳、和谐彭阳”发展目标的分析，以及对县委、县政府提出的“能源工业强县、城乡规划建设兴县”战略的认识，综合自治区发改委对主体功能区建设的指标约束，确定彭阳县主要发展目标是发挥资源环境优势特色，按照生产发展、生活富裕、生态良好的要求，合理调整国土空间结构，明确和细化空间主体功能，提高空间利用效率，做大做强林果、草畜、蔬菜、劳务四大优势特色产业。煤炭、石油开采加工产业要“点状开发、面上保护”，使彭阳县成为宁夏南部重要的绿色生态经济增长极。

5. 国土空间开发格局优化方案

根据限制开发生态区建设的原则，综合分析彭阳县资源环境特征，发展目标等，我们提出如下符合国家主体功能分区的空间格局优化方案。

(1) 构建“一核、三心、两轴”的城镇化战略格局。构建以县城白阳镇为“一核”，王洼镇、古城镇、草庙乡分别为工业发展中心、旅游发展中心和工贸综合型小城镇的“三心”，沿203省道的南北向经济发展轴和贯穿古城镇、白阳镇、城阳乡沿固彭一级公路的东西向旅游发展轴为“两轴”的城镇化战略格局。

(2) 构建“四大示范区”为主体的生态农业战略格局。构建以中南部五十万亩旱作农业示范区、二十万亩设施农业示范区、西部百万头（只）肉牛（肉羊）示范区、东北部百万亩紫花苜蓿示范区为主体，嵌入县境，呈组团、块状分布，辐射示范园区、示范点、基地、示范户的优势特色生态农业战略格局。

(3) 构建“三片区、三廊道”为主体的生态安全战略格局。构建以北部黄土丘陵区水土流失治理型生态功能区、中部红茹河河谷残塬区综合生态功能区、西南部土石质山区水源涵养型生态功能区为主体，沿红河、茹河、安家川河的三条生态廊道为重点的生态安全战略格局。

(4) 生态保护红线划定。生态红线是保障城乡基本生态安全的底线。根据《宁夏主体功能区规划》《国家重点生态功能区彭阳县生态环境保护与建设规划（2013—2020）》，在彭阳县域范围内划分适宜建设区、限制建设区和禁止建设区，形成“点状开发，面上保护”的空间格局，划定包括下列范围：一级水源保护区、风景名胜区、自然保护区、集中成片的基本农田保护区、森林及郊野公园；坡度大于25度的山地、林地；主干河流、水库及湿地；维护生态系统完整性的生态廊道和绿地；水土流失、自然灾害多发区域及其他需要进行基本生态控制的区域。禁止建设区（生态红线面积）13个，限制建设区6个，适宜建设区13个，其面积分别为544.9平方千米、1751.7平方千米、232.1平方千米，分别占全县国土面积的21.5%、69.3%、9.2%。其中，禁止建设区核心部分面积189.68平方千米，主要包括县内划定的自然保护区、水源地保护区、文物保护区、森林公园、水利风景区等。

（二）水源涵养型限制开发生态区主体功能建设——以泾源县为例

1. 区域概况

泾源县地处宁夏回族自治区最南端，位于陇东黄土高原西部，六盘山东麓，地形以山地丘陵为主，东西部多山。气候阴湿，降水充沛。冬寒漫长，春秋相连，秋雨连绵，气温日差大，无霜期短。降水量自北向南逐渐增加，降雨量年际变化较大，年内分配不均。

2. 资源环境特征

泾源县地处国家级六盘山自然保护区核心区，是泾河的发源地和流域水环境保护区，生态资源、水资源禀赋得天独厚。全县林地面积近百万亩，森林覆盖率48.8%，水资源总量1.999亿立方米，境内的六盘山水源涵养林是宁夏重要的生态屏障之一。泾源县在国家实施宁夏主体功能区建设中具有独特的优势。

泾源县位于我国南北地震区的六盘山地震活动带之中，地震、滑坡、塌陷等地质灾害易发，受灾面广。地形以山地丘陵为主，耕地不足，人均可利用土地资源缺乏。全县土地面积169.3万亩，其中耕地26.58万亩，林地119.51万亩，牧草地1万亩，其他占地22.21万亩。农业人口人均耕地2.3亩。

3. 国土开发现状及主要问题

泾源县国土空间格局包括两大功能片区，即六盘山外围山地丘陵水源涵养林区和中部川台育苗区。前者主要功能是涵养水源、保持土壤、防风固沙等；后者主要生态功能是提供农产品、畜产品、水产品和林产品。泾源县城镇空间结构是以312国道、101省道为条带，以县城为中心的中部组团、以六盘山镇为中心的北部组团、以泾河源镇为中心的南部组团组合成为的"带状组团式"格局。近年来，泾源县大力实施退耕还林、三北防护林、公益林和湿地开发与自然保护区建设等生态工程，森林覆盖率不断提高，西部生态安全屏障已形成并构建了"大六盘生态经济圈"，生态环境质量和城乡面貌得到大幅改善和提升。

泾源县国土空间格局存在生态空间、生产空间、生活空间比例失衡以及空间布局不能适应区域主体功能区建设需要等一系列问题。主要表现为空间利用效率低，城市化空间格局体系不完整，开发集中度不高，川区与山区差距较大等。

4. 确定总体发展目标

按照泾源县"十三五"规划改革创新的要求和相关工作部署，提出到2020年泾源县国家主体功能区建设的总体目标是：合理调整国土空间结构，将泾源县打造为结构合理、功能完善的国家重点生态功能区，生态补偿示范区和生态文明先行区，著名生态休闲避暑度假旅游地及面向阿拉伯国家和地区的旅游目的地。

5. 国土空间开发格局优化

(1) 构建"一体两翼、点轴发展"的城镇化战略格局。构建以县城为主体，六盘山镇、泾河源镇为两翼，沿101省道、福银高速为发展轴的一体两翼、点轴发展的城镇空间战略格局。适度扩大县城（香水镇）及六盘山镇、泾河源镇的规模，积极发展一般乡镇，形成县城—重点镇——般乡镇的"中心集聚、轴线拓展"的开放式城镇体系。集聚发展特色产业，增强特色生态经济综合生产能力，做大做强生态旅游产业、生态草畜产业、优质苗木产业、生态补偿产业四大特色优势产业。泾河源镇和六盘山镇未来重点发展旅游和商贸。

在现有城镇布局基础上，重点规划和建设资源环境承载能力相对较强的县城、六盘山镇和泾河源镇，城镇建设与开发区要依托现有资源环境承载能力相对较强的县城、六盘山镇和泾河源镇集中布局、据点式开发、禁止成片蔓延式扩张。开发区要建成为低消耗、可循环、少排放、“零污染”的生态型开发区。适度发展农林牧产品生产和加工、观光休闲农业等产业，积极发展服务业。矿产资源开发、适宜产业发展及基础设施建设，都要控制在尽可能小的空间范围内。

(2) 构建“两区一带”为主体的生态农业战略格局。构建以六盘山外围生态草畜产业示范区、中部川台苗木产业示范区、中部川台优质肉牛养殖产业带为主体的“两区一带”生态农业战略格局，打造现代化优质肉牛养殖核心区和生态草畜产业示范基地。推进农业种植结构调整与农业产业化经营相结合。围绕产业链建设各具特色的产业基地，提高农民的组织化程度，引导农业向标准化、规范化、规模化方向发展。同时，加强乡镇及中心村基础设施建设，改善教育、医疗等设施条件。

(3) 构建“一屏两带”为主体的生态安全战略格局。构建以西部六盘山生态屏障、中部河谷农业生态带、东部土石山还林还草生态保护带为主体的“一屏两带”的生态安全战略格局，打造宁夏南部地区的重要生态屏障、人与自然和谐相处的示范区和生态补偿示范区。严格控制开发强度，做到耕地、天然草地、林地、河流、湿地等农业和绿色生态空间面积不减少，通过水系、绿带等构建生态廊道。对各类开发活动进行严格管制，尽可能减少对自然生态系统的干扰，不损害生态系统的稳定性和完整性，确保生态系统的良性循环。

(4) 生态保护红线划定。根据宁夏主体功能区规划，综合泾源县自然资源、工程地质条件、生态适宜性及发展需要等多方面因素，在泾源县域范围内划定生态红线。生态红线区域总面积控制在 842.48 平方公里左右，占全县面积的 75.05%。

(三) 防风固沙型限制开发生态区建设——以盐池县为例

根据《宁夏回族自治区主体功能区规划》，盐池县属于限制开发区中的重点生态功能区，是维护西北地区乃至全国生态安全的重要区域，其主体功能是提供生态产品，保障生态安全，发挥其主体功能作用是区域可持续发展的前提和保障。

1. 区域概况

盐池县地处我国西北内陆，宁夏回族自治区东部，南北长约 110 公里，东西最宽达 66 公里，总面积 8522 平方公里，县城距宁夏回族自治区首府银川市约 131 公里。境内地形地貌较为复杂，南北明显地分为黄土丘陵和鄂尔多斯缓坡丘陵两大地貌单元，海拔在 1279~1954 米之间。属于典型中温带大陆性季风气候，主要气候特点是干旱少雨、风大沙多、日照充足、蒸发强烈、冬冷夏热、秋早春迟。多年野生草本植物广泛分布，矿产资源种类多，储量大，品质高。2013 年全县地区生产总值达到 51 亿元，产业结构调整成效明显，主要经济指标继续保持两位数增长。

2. 资源环境特征

县内石油、煤炭、石灰石、白云岩、石膏等矿产资源和风能、太阳能等自然资源以及滩羊、甘草、杂粮等特色农产品资源十分丰富，草畜产业具有较强优势。旅游资源丰富，融长城访古、革命传统、大漠风光和草原风情为一体的旅游业已有了初步发展。宁东能源化工基地盐池部分、盐池滩羊、红色旅游等将对盐池县的社会经济发展起到重要的推进作用。

盐池县地处我国北方农牧交错带和宁夏中部干旱带，年降水量稀少，又毗邻毛乌素沙地，地表土质疏松且多沙质，深受风沙灾害影响，土地沙化面积大。耕地面积大、分散而不固定，土地利用率低，土地退化现象十分严重。全县降水分布不均，年蒸发量大，水资源缺乏是盐池县社会经济发展的重要限制因素。

3. 国土开发现状及主要问题

盐池县国土格局呈现两大生态功能区：北部荒漠草原防风固沙型生态功能区、南部黄土高原丘陵沟壑水土保持型生态功能区。“一心三轴”的城镇空间格局已具雏形。初步形成了以盐环定扬黄灌区和库井灌区为支撑的片状农业生产区，以及南部特色农产品基地的农业生产空间格局。

盐池县生态空间、城镇空间、农业空间比例及空间布局不能适应区域主体功能区建设需要，有待于进一步调整提升。土地效益较低，在加快城镇化、工业化、农业现代化过程中，存在城市建设配套性差、工业园区和农业示范园区土地利用率低、产出率低等问题。具有优势的草畜产业、小杂粮等未真正形成区域化布局、规模化经营的格局，农业生产层次结构简单，经济基础仍较薄弱，但发展空间大。

4. 确定发展目标

根据国家主体功能区划确定的重点生态功能区发展要求，结合盐池县实际情况和盐池县“十三五”规划改革创新的要求，提出到2020年盐池县国家主体功能区建设的总体目标是：合理调整国土空间结构，做大做强生态补偿、草畜、特色种植、生态旅游四大特色优势产业，“点状开发，面上保护”做好盐池工业园建设和石油、煤炭开采加工产业，力争把盐池县打造成结构合理、功能完善的国家重点生态功能区。

5. 国土空间开发格局优化

(1) 构建“一心三轴、三点三片”的城镇化战略格局。构建以县城为中心，逐步形成“一心三轴、三点三片”的城镇化战略格局。花马池镇是全县的政治、经济、文化、交通中心，定位为以商贸物流、循环工业、旅游服务、农副产品加工为支撑的工农贸综合服务型城镇。三条城镇发展轴为盐池县城镇化三条“大动脉”。高沙窝镇为盐池的化工重镇，大水坑镇为石油重镇、风电重镇、商贸大镇、小杂粮基地，惠安堡镇为宁夏东部和盐池县西南部的交通枢纽、新型建材生产基地及物流集散区。三大特色经济片区成为盐池县城镇发展的经济支撑。另外，积极发展基础较好、区位优越的其他乡镇，集聚发展特色产业，提升城镇功能；完善乡镇配套设施，服务周边农村。

(2) 构建“一带一区一基地”的农业生产空间战略格局。构建盐池县中部草畜产业带，包括花马池、王乐井、青山、冯记沟、惠安堡、大水坑等三镇三乡。重点发展滩羊养殖、牧草种植等草畜产业。以盐池县境内的盐环定扬黄灌区及库井灌区为支撑，重点发展旱作农业和高效节水农业，打造盐池南部小杂粮基地。在全县范围内进行种植业结构调整，对退耕后的林草地进行改良。最大限度地提高农业资源的有效利用率，促进生态环境良性发展。重点搞好盐池滩羊、牧草及秸秆饲料、中药材、小杂粮等优势特色农产品。提高农民的组织化程度，引导农业向标准化、规范化、规模化方向发展。

(3) 构建“四大板块”生态保护空间。坚持生态立县战略不动摇，大力加强生态文明建设。建设哈巴湖国家级自然保护区、灌溉绿洲区、中北部风沙治理区、南部水土流失治理区，从而形成“北部治沙、中部治水、南部治土”三大主线。把生态环境建设、区域经济发展和贫困人口脱贫紧密结合起来，处理好长远与当前、全局与局部的关系，逐步实现生态、经济与社会效益协调统一。

(4) 划定生态红线。根据宁夏回族自治区主体功能区规划、盐池县生态保护与建设规划等，结合盐池县实际划定生态红线，生态红线可划分为生态红线一级区和生态红线二级区。其中，一级管控区是生态红线的核心，实行最严格的管控措施，严禁一切形式的开发建设活动；二级管控区以生态保护为重点，实行差别化的管控措施，严禁有损主导生态功能的开发建设活动。

三、限制开发生态区主体功能区建设的措施和重点任务

(一) 树立绿色发展和可持续发展理念

限制开发生态区的主体功能是保护生态，因此要树立可持续发展和绿色发展理念，积极落实主体功能分区建设，调整各区域国土空间结构。在具体工作中，应始终坚持以发展的眼光为指导，使国土空间结构在一定时期内适应区域生态保护和建设以及区域经济发展。要将有限的资源进行优化配置，实现区域生态效益和经济效益双赢，坚决克服和避免掠夺式开发及不可持续发展。

(二) 保护优先，增强生态产品供给能力

限制开发生态功能区建设的首要任务是保护和修复生态环境，改善生态环境质量，增强生态服务功能，提供生态产品。限制开发生态区各县要按照主体功能定位要求，紧紧围绕生态环境面临的突出矛盾和问题，以科技为先导，以流域为单元，以治理土地沙化和水土流失为重点，山、田、水、林、草、路综合治理，防治并举，因地制宜。把生态环境建设、区域经济发展和贫困人口脱贫紧密结合起来，处理好长远与当前、全局与局部的关系，逐步实现生态、经济与社会效益协调统一，创造生态产品，增加

生态价值。

（三）立足优势，培育壮大特色生态经济

紧紧围绕培育、发展壮大特色生态经济这一首要任务，以加快发展与重点生态功能区相适应的特色生态经济为目标，按照标准化生产、产业化经营、集群化发展的思路，加大对发展模式、实施路径和具体举措的探索力度，结合“十三五”规划，突出绿色发展、转型发展、协调发展、联动发展、创新发展和共享发展为思路，重点发展壮大资源环境可承载的与主体功能定位相一致的生态旅游、生态草畜、特色种植等优势产业。把生态补偿作为和区域主体功能区相协调的重要生态产业、新型产业进行培育及建设。

（四）以人为本，在生态建设中改善民生

按照将民生改善和生态保护更加有机统一起来的要求，在生态保护和发展中增强生态优势，形成资源优势，获得发展优势，支撑民生改善，筑造自我循环、自我发展道路。把推进公共服务均等化、加强基本公共服务高水平化作为县域主体功能区建设试点示范的重要基础，创造更多就业机会和增收途径，保证与全国、全区同步进入小康社会的目标能够顺利实现，让人民群众切实享受到保护生态环境带来的实惠，感受到保护绿水青山就是保护金山银山。

（五）建立科学合理的绩效评估体系，引导主体功能试点示范区实现和谐持续发展

党的十八大明确提出“主体功能区制度，是国土空间开发的依据、区域政策制定实施的基础单元”。宁夏限制开发生态区的主体功能定位是生态保护和建设，因此应尽快建立科学合理的绩效评估体系，把绿色 GDP、生态保护和建设、环境治理、绿色产业发展、扶贫等指标引入区域发展及干部绩效考核体系中，促进干部发展理念的转变，为实现区域绿色、协调、法制、共享的科学持续发展提供保障。

“十三五”宁夏扶贫开发面临的机遇与挑战

张吉忠

2020年全面建成小康社会是我们党确定的“两个一百年”奋斗目标的第一个百年奋斗目标。“十三五”时期是全面建成小康社会的决定性阶段，是我国经济社会发展的重要历史时期，也是扶贫攻坚工作进入摧城拔寨、啃硬骨头的关键期。“十三五”期间，扶贫减贫是一项最艰巨的工作，全面建成小康社会，关键在于农村贫困地区的减贫。扶贫攻坚与区域发展既是一项迫切的政治任务，又是一项复杂的系统工程。认真总结“十二五”以来扶贫开发经验，分析当前面临的困难和问题，紧紧抓住新常态下的新机遇，认真贯彻执行党中央、国务院关于扶贫开发工作的战略部署，全面落实精准扶贫方略，进一步理清思路、明确目标、强化责任，坚持因人因地施策，因贫困类型施策，实现精准脱贫目标，推动贫困地区经济社会持续健康发展，是摆在我们面前的一项重大课题。

一、“十二五”扶贫开发的主要做法及取得的巨大成就

“十二五”以来，特别是党的十八大以来，按照中央扶贫开发工作方略，自治区党委、政府紧紧围绕建设“开放宁夏、和谐宁夏、富裕宁夏、美丽宁夏”的奋斗目标，始终从战略高度谋划扶贫攻坚工作，按照《中国

作者简介　张吉忠，宁夏扶贫办发展规划处处长。

农村开发扶贫纲要（2011—2020）》的总体要求，全面贯彻落实中央关于扶贫工作的战略部署和习近平总书记关于扶贫攻坚的系列讲话精神，把扶贫开发作为"头等大事难事"列入民生工程，出台了一系列针对性强、"含金量"高的政策和举措，抢抓六盘山集中连片特困地区扶贫攻坚机遇，以实施百万贫困人口扶贫攻坚战略为总揽，全力打好35万生态移民和65万贫困人口扶贫攻坚两场硬仗。聚焦重点，精准发力，突出"六个坚持，六个抓好"，扎实推进百万贫困人口扶贫攻坚战略。坚持把贫困人口减少和增加贫困人口收入作为"牛鼻子"，抓好扶贫重点村销号和扶持建档立卡人口，提高贫困地区和扶贫对象自我发展能力。坚持贫困地区区域发展与精准扶贫"两轮驱动"，探索连片开发新模式，抓好清水河城镇产业带和"四到"精准扶贫"双推进"，启动实施了"十二五"35万生态移民、中南部城乡饮水安全水源及联通等工程。坚持政府引导和市场运作相结合，建立利益导向长效机制，抓好金融扶贫机制与模式的创新。坚持专项扶贫、行业扶贫、社会扶贫协同推进，抓好扶贫（移民）工作规范化、常态化、制度化建设，构建大扶贫格局。坚持体制机制创新，释放改革红利，抓好扶贫开发六项工作机制深入推进，促进各项政策措施落实到位。坚持基础设施改善与产业发展相结合，抓好全社会扶贫资源向500个重点村、300个销号村集聚，扶持建档立卡贫困人口发展产业。全区上下齐心协力，逐步形成了政府、社会、市场协同推进，区、市、县、乡、村五级一起抓，层层落实责任制的工作局面，扶贫攻坚取得了明显成效。中南部地区农民人均纯收入由2011年的3964元提高到2014年的5887元，连续三年年均增长高于宁夏平均水平2个百分点。建档立卡贫困人口从101.5万人下降到70.26万人，贫困发生率由26.6%下降到17.4%（按照国家统计局数据为45万人，贫困发生率为10.8%，比全国平均水平高3.6个百分点），扶贫开发取得显著成效。

（一）35万生态移民工程积极推进

对"一方水土养不了一方人"的地方，自治区启动实施了35万生态移民工程。帮助移民群众建房、完善基础设施、开发农田、建设日光温室、建设养殖圈棚、开展教育培训，促进务工就业。对迁出区实施生态恢复。坚持问题导向，帮助移民村完善产业发展模式，落实增收致富方案，因地制宜确定支柱产业和特色种养计划，加快构建新型农业经营体系，使移民村产业发展势头迅猛。到2015年底，全面完成了“十二五”生态移民建设任务。

（二）精准发力，对65万贫困人口实施“四到”扶贫攻坚工程

一是坚持“基础设施到村”。结合美丽乡村建设，集中力量改善贫困村用电、用水、出行、住房、基本农田、生态环境、信息服务等生产生活条件，使贫困村的生产生活条件和村容村貌得到了明显改善。二是坚持“产业扶贫到户”。优先支持与扶贫关联度高、扶贫对象能广泛参与的优势特色产业发展，年均完成10万群众脱贫致富目标，通过精心组织实施“5·30”养殖业扶贫到户计划，加快了增收致富步伐。三是坚持“转移培训到人”。通过实施“雨露计划”，促进贫困群众就业创业，全面提升了贫困群众自我发展能力。四是坚持“帮扶责任到单位”。建立完善“不脱贫，不脱钩，一帮到底”的帮扶机制，使“村有驻村帮扶工作队，户有帮扶责任人”，真正落到了实处，1100个贫困村实现了扶贫开发驻村工作队和第一书记全覆盖。以贫困村整村推进为平台，按照“规划引领，项目聚焦，考核销号”的要求，编制了500个重点贫困村整村推进规划和定期脱贫计划，对500个重点贫困村三年解决、逐个销号，建立了专项扶贫、行业扶贫、社会帮扶、扶贫信贷和群众自筹“五位一体”的资金整合机制，贫困村面貌和贫困群众生产生活条件得到了极大改善。

（三）产业扶贫在贫困群众增收中的作用明显增强

立足资源禀赋和产业基础，以产业带扶贫、扩就业、促增收。坚持走特色、高质、高端、高效的“一特三高”发展路子，因地制宜，一县一业，大力发展农业特色优势产业，带动农民增收致富。形成了原州的冷凉菜、西吉的马铃薯、泾源的苗木、彭阳的林果、隆德的中药材、盐池的滩羊、同心的有机枸杞、海原的草畜、红寺堡的酿酒葡萄等县域特色产业。特色农产品的生产示范基地不断扩大，逐步向生态、绿色、有机农产品迈进，向一、二、三产业联动发展。慈善产业和闽宁产业园建设加快，龙头企业带动产业扶贫的作用日益显现。贫困地区新型农业经营体系构建逐步加快，通过实施“龙头企业+农民合作社+贫困户”“龙头企业+基地+贫困户”等经营模式，在贫困户之间建立了紧密的利益链接机制，提高了贫困户产业发展的参与度，大幅提高了贫困户的收入水平。劳务收入占到农民可支配收入的40%以上，红树莓产业扶贫、光伏扶贫、电子商务扶贫等新产业、新业态已经形成。六盘山旅游试验区初具规模，乡村旅游开始从无到有、从小到大。积极探索创新金融服务机制，助推产业发展，建立了“千村信贷，评级授信，资金捆绑，小额信贷”等金融扶贫模式，将国家支持资金、财政扶贫资金、金融产品与富民支柱产业进行有效嫁接，形成了政、银、企、社、民联合推动的“五位一体”扶贫发展新格局。宁夏各县（市、区）都建立了风险补偿金，目前达到2亿元。推行贫困村互助资金、“千村信贷·互助资金”和“金扶工程”等措施，全区互助资金运行总量达6.08亿元，覆盖项目村达1230个，占全区贫困村总数的78.8%，累计发放借款14.64亿元，受益人口超13.36万户60万人。“金扶工程”累计贷款总量达102亿元，有效地缓解了贫困群众发展生产资金短缺的困难。

（四）生态建设与扶贫开发相互推进取得重大突破

通过实施大六盘生态经济圈及水源涵养林建设、防沙治沙、六盘山“三河源”水源保护、三北防护林建设、天然保护林等重点林业生态工程，实施退耕还林还草、围栏封育、全境封山禁牧、小流域综合治理、移民迁出区生态修复等政策和工程措施，中南部地区生态恶化趋势基本得到遏制，部分地方已出现明显的生态逆转，生产生活条件得到明显改善。光伏、风力发电项目落地生根，沼气、太阳能等清洁能源进村入户，促进中南部地区生态环境持续好转，植被覆盖率逐年提高。“十二五”期间，完成退耕地造林352.6万亩，荒山造林448.1万亩，封山育林33.2万亩，生态移民迁出区人工修复90万亩，六盘山片区森林覆盖率达到17.6%，固原市森林覆盖率提高到21.4%，片区生态建设迈上了良性发展的快车道。

（五）完善社会帮扶机制，形成扶贫攻坚合力

闽宁两省区对口扶贫协作取得新突破。第十七次联席会议以来，福建各类援助资金达到2.1亿元，来宁投资企业约40家，闽宁镇东西扶贫协作示范镇建设进展顺利，已从昔日荒无人烟的戈壁滩发展成特色小镇。中央定点扶贫成效显著，华润集团、中航油等央企投入力度大，帮扶措施实，帮扶机制新，帮扶效果好，为破解贫困地区发展瓶颈、促进群众脱贫致富发挥了积极作用。区、市、县三级890个机关、企事业单位与贫困村结成对子，累计投入各类资金9亿多元，一批贫困地区群众关注的热点难点问题得到了有效解决。

二、“十三五”宁夏扶贫开发面临的基本形势

(一)“十三五”宁夏扶贫开发面临的机遇

1. 党中央和自治区党委、政府对扶贫开发工作前所未有地高度重视

党的十八大以来，党中央对贫困地区发展、贫困人口脱贫和扶贫开发工作前所未有地高度重视。中央办公厅、国务院办公厅《关于创新机制扎实推进农村扶贫开发工作的意见》明确提出了要以改革创新推进扶贫开发。中央十八届五中全会通过的《中共中央关于制定国民经济和社会发展第十三个五年规划的建议》和《中共中央国务院关于坚决打赢脱贫攻坚战的决定》都明确提出推进扶贫开发，到2020年我国现行标准下农村贫困人口实现脱贫，贫困县全部摘帽，解决区域性整体贫困。中央扶贫开发工作会议进一步明确了今后一个时期扶贫开发工作的指导思想和目标任务，“十三五”期间将动员全社会力量，加大投入力度，打赢脱贫攻坚战。宁夏回族自治区党委、政府高度重视中南部地区区域发展与扶贫攻坚工作，启动实施的百万贫困人口扶贫攻坚战略，颁布的《关于创新机制深入推进百万贫困人口扶贫攻坚战略的实施意见》《关于深入实施扶贫攻坚战略加快西海固地区经济社会发展的若干意见》和关于打赢脱贫攻坚战的意见，为扶贫开发工作明确了主攻方向，增强了可操作性。“十三五”期间，自治区将把扶贫开发作为宁夏工作的重中之重，举全区之力，整合资源，挂图作战，以壮士断腕的勇气坚决打好扶贫攻坚战，实现精准扶贫和精准脱贫。为此，宁夏上下抓扶贫、促发展的社会氛围已经形成，贫困地区广大干部群众思脱贫、快发展的积极性、主动性空前高涨。

2. 深入实施西部大开发战略为扶贫攻坚提供了千载难逢的历史机遇

党中央、国务院深入实施西部大开发战略，把西部大开发摆在了我国区域协调发展总体战略的优先地位，为西部地区尤其是贫困地区发展提供

了千载难逢的历史机遇。国家启动的第二轮退耕还林工程，加大了对西北地区的交通水利等基础设施建设，加大了对西北地区、革命老区的转移支付等政策，亦为西北地区的发展注入了新的活力。只有抢抓机遇，乘势而上，加快发展，才能在新的起点上谋划好贫困地区新的更大的发展空间。主动做好与深入实施西部大开发战略和国家“十三五”发展规划的对接工作，扩大对外开放、深化区域合作、加大招商引资，积极争取把宁夏更多的大项目、好项目纳入国家发展规划，争取国家更有力的政策支持，对打赢扶贫攻坚这场硬仗，推动贫困地区持续健康发展具有重大的现实意义。

3.“新四化”协同发展迫切需要加快推动贫困地区现代农业持续健康发展

从当前基本国情看，我国工业化已经进入中后期阶段，城镇化加速发展，信息化与工业化、城镇化加快融合，相比较而言，农业现代化已然成为现代化建设的“短板”，只有早日突破这个“短板”，才能实现“新四化”的协同发展。当今世界农业的国际化迫切要求我国农业必须加快转变发展方式，依靠生产要素的优化配置特别是科技进步来尽快完成传统农业向现代农业的转变。同时，宁夏贫困地区历经三十多年的扶贫开发和大规模的综合治理，为进一步加快中南部地区发展现代农业、转变农业发展方式提供了有利条件。随着开放宁夏建设的不断推进，中南部地区农业将在我国与阿拉伯国家及世界穆斯林地区的合作交流中发挥越来越大的作用。伴随着光伏、风力发电产业等扶贫新产业的发展与“互联网+”等新业态的出现，必将为贫困地区加快脱贫致富步伐带来新的契机。

4.“四个宁夏”建设为扶贫攻坚提供了前所未有的发展空间

党中央提出建设“一带一路”的战略构想，宁夏在“一带一路”战略建设中处于阿拉伯国家“向东看”、中国“向西进”的中转站上，地缘优势明显，自然条件优越，人文资源丰富。自治区党委十一届六次全会通过的《关于加快开放宁夏建设的意见》，把宁夏发展主动融入全国开放的大格局中，用“开放宁夏”统领“四个宁夏”建设。通过“四个宁夏”建设，实现与全国同步建成全面小康社会的目标。同时，宁夏作为我国最大的回族聚居区，历来是中阿经贸合作和文明往来的重要交汇地，区位优势为开放宁夏建设提供了得天独厚的便利条件。充分利用宁夏内陆开放经济试验区、中阿博览会等国家战略平台，加快出台引进外资等方面的优惠政策，为实施开放宁夏发展战略引进国外先进的资金、技术和管理经验，为宁夏经济社会发展增强后劲，以期带动中南部地区特别是回族聚居区的发展。通过“四个宁夏”建设，不断创新宁夏扶贫开发工作思路，将进一步推动扶贫攻坚与区域发展，为加大国际扶贫合作和贫困地区特色产业发展提供前所未有的机遇及便利条件。

（二）“十三五”宁夏扶贫开发面临的挑战

1. 扶贫攻坚任务仍然十分艰巨

宁夏贫困人口的80%集中分布在中南部贫困地区自然条件恶劣、产业基础薄弱、教育科技以及其他各方面社会化程度低、各种疾病频发的区域，相对贫困程度深，脱贫难度大。2014年，宁夏建档立卡贫困人口仍占全区农业总人口的17.4%，较同期全国平均水平高出一倍多；中南部地区人均地区生产总值、农民人均纯收入分别是全区的30.1%、72.9%和全国的26.4%、58.7%；地方财政一般预算收入是全区的14.6%，财政自给率仅为5.6%。2014年贫困地区农民人均纯收入5887元，与全国14个片区平均6591元相比少704元。2014年，全面建成小康社会综合指数仅有盐池县、彭阳县略高于宁夏平均水平，大部分县区只有70%左右，最低的海原县只有62%。贫困地区全面建成小康社会难度大，特别是经济发展指数普遍只有30%左右，已成为短板中的短板，建成小康社会难度大。

2. 基础设施瓶颈仍然存在

贫困地区水资源总量不足，区域资源性、工程性缺水严重，水资源量少质差，人均水资源278立方米，远低于国际公认的人均水资源500立方米的缺水警戒线。同时，干旱少雨仍然是制约中南部地区经济发展的瓶颈，旱涝保收面积仅占耕地面积的8.9%。另外，宁夏省际大通道尚未形成，对外交通联系尚不便捷，综合交通运输水平较低，是全国仅有的两个无高铁省区。贫困地区45%的自然村不通公路，农民行路难问题还未彻底解决。尽管生态恶化趋势已基本得到遏制，但生态功能的修复尚需一个过程。按照主体功能区划分，仅原州区为自治区重点开发区域，其余均为限制开发区域和禁止开发区域，生态建设、环境保护和加快区域发展与扶贫攻坚的矛盾仍将长期存在。

3. 扶贫资金投入仍然不足

尽管国家和自治区用于扶贫开发的资金逐年增加，但由于物价水平的不断提高和剩余贫困人口脱贫难度的加大，专项扶贫资金投入与贫困户发展需求之间的矛盾仍很突出。贫困地区长期处于金融“失血”状态，金融扶贫起步较晚，贫困群体贷款难、难贷款的问题仍未得到有效解决，扩大再生产能力受到严重限制，延缓了产业发展和脱贫致富的步伐。

4. 产业发展带动能力依然很弱

宁夏贫困地区经济总量小，产业层次低，竞争能力不强，工业基础薄弱，缺乏大型骨干企业和大工业项目，招商引资和融资困难，辐射带动贫困群众脱贫致富的能力弱。产业结构单一，普遍以农业为主，支柱产业和主导产业尚未完全建立，三次产业结构调整缓慢，主导产业品牌影响力和核心竞争力不强，带动当地经济社会能力十分有限。农业品牌效益不明显，竞争力不强；工业骨干企业少，吸纳就业能力弱；城乡居民增收渠道单一，就业、产业发展和增收困难；全社会固定资产投资少，对经济发展的拉动能力弱。

5. 公共服务水平依然很低

宁夏贫困地区农村信息、通讯、卫生、文化、体育等设施建设滞后，盲点多、水平低，实现均等化目标难度大。卫生和农业技术人员配比少，服务保障能力弱。农村生产生活垃圾和污水处理设施不全，居住环境亟待改善。医疗卫生服务水平低，各县（市、区）医疗卫生机构均为二级甲等以下。义务和学前教育基础薄弱，大班额特别是入园难问题突出。城镇化率低，城市服务功能不完善。信息化程度低，服务业发展活力不足，整体服务功能层次低。社会保障水平不高，农村信息化服务产业能力严重不足。

三、“十三五”宁夏扶贫开发的思路、目标、路径和措施

（一）“十三五”宁夏扶贫开发的总体思路

以邓小平理论、“三个代表”重要思想、科学发展观为指导，全面贯

彻党的十八大和十八届二中、三中、四中、五中全会精神，深入学习贯彻习近平总书记系列重要讲话精神，围绕“四个全面”战略布局，牢固树立并切实贯彻创新、协调、绿色、开放、共享的发展理念，把精准扶贫、精准脱贫作为基本方略，坚持扶贫开发与经济社会发展相互促进，坚持精准扶贫与区域整体性脱贫紧密结合，坚持扶贫开发与生态保护并重，坚持扶贫开发与社会保障有效衔接，坚持政府主导与社会参与有机结合，坚持外部扶持与自力更生并举，凝聚力量，压实责任，举全区之力打赢脱贫攻坚战，力争将宁夏建设成为全面脱贫的表率和深化精准扶贫的示范区。

（二）“十三五”宁夏扶贫开发的总目标

提前实现“两个确保”（确保农村贫困人口实现脱贫，确保贫困县全部脱贫摘帽）的目标。按照前三年集中攻坚、后两年巩固提高两个阶段安排，力争提前两年（到2018年）实现现行标准下的70万农村贫困人口全部脱贫、1100个贫困村全部销号、9个贫困县全部摘帽（2017年盐池、彭阳、隆德、泾源摘帽，2018年红寺堡、同心、原州、西吉、海原摘帽）；到2020年，贫困地区农民人均可支配收入力争达到1万元以上，贫困地区发展环境明显改善，社会事业全面进步，基本公共服务主要指标接近或达到宁夏平均水平，贫困人口稳定实现不愁吃、不愁穿、不愁冬季取暖和保障义务教育、医疗、住房和安全饮水，确保与全国同步建成全面小康社会。

（三）“十三五”宁夏精准脱贫的路径

实施精准扶贫、精准脱贫，因人因地施策，提高扶贫实效。分类扶持贫困家庭，对具有劳动能力的贫困群体支持发展特色产业和转移就业，对“一方水土养不起一方人”的贫困村实施扶贫搬迁，对生态特别脆弱的地域实行生态保护扶贫，对丧失劳动能力的人口实施兜底性保障政策，对因病致贫的家庭提供医疗救助保障。实行低保政策和扶贫政策衔接，对贫困人口应保尽保。探索对贫困人口实行资产收益扶持制度。通过实施“五个一批”，确保70万贫困人口实现精准脱贫。

一是发展特色产业脱贫一批。对具有劳动能力可以通过发展生产脱贫的30万左右贫困人口，采取差别化、针对性措施，通过扶持发展特色产业，实现就地脱贫。

二是引导劳务输出脱贫一批。对具有劳动能力可以通过转移就业脱贫的8万左右贫困人口，加大技能培训力度，开展订单、定向培训，提高就业创业能力。

三是实施易地搬迁脱贫一批。搬迁10万人左右（其中建档立卡贫困人口8万人），采取劳务移民、教育移民、插花移民、县内移民等方式，实施“十三五”易地扶贫搬迁。同时，重点抓好“十二五”生态移民后续产业发展和技能培训，解决好“十二五”生态移民遗留问题。

四是着力加强教育脱贫一批。全面实施教育扶贫工程，确保贫困家庭子女享受公平教育，阻断贫困代际传递，使4万左右贫困人口脱贫。

五是开展医疗救助脱贫和农村低保兜底脱贫一批。对因病致贫、因病返贫的建档立卡贫困人口实施医疗救助。逐步到2018年实现低保标准和扶贫标准的“两线合一”，将丧失劳动能力的贫困人口全部纳入最低生活保障范围，对20万左右贫困人口实施低保兜底。

（四）“十三五”宁夏扶贫开发的主要措施

1. 积极谋划，实施和推进一批重点扶贫工程

“十三五”期间，按照“两轮驱动”的扶贫攻坚思路，通过大项目带动区域性整体脱贫，重点实施清水河城镇产业带建设工程、贫困地区交通改善通达工程、1100个贫困村整村脱贫工程、10万生态移民搬迁与35万生态移民后续产业发展工程、六盘山旅游扶贫试验区建设工程、六盘片区生态综合整治工程、百万亩库井灌区高效节水灌溉工程、退耕还林后续特色林果产业工程等重大扶贫工程。

2. 突出重点，大力实施一批“脱贫行动计划”

锁定集中连片特困地区、革命老区和贫困县，以贫困村和生态移民新村为主战场，因地制宜、分类指导、注重实效，进一步整合力量、强化责任、明确目标，抓重点、攻难点，组织实施产业扶贫行动计划、金融扶贫行动计划、能力提升扶贫行动计划、教育扶贫行动计划、交通扶贫行动计划、水利扶贫行动计划、危房危窑改造扶贫行动计划、生态保护扶贫行动计划、卫生扶贫行动计划、科技扶贫行动计划、光伏和电力扶贫行动计划、旅游扶贫行动计划、“互联网+”扶贫行动计划、文化扶贫行动计划、“三

留守”关爱行动计划等15项扶贫行动计划，集中力量补齐“短板”。

3. 坚持问题导向、目标导向，建立和完善六项扶贫开发工作机制

一是建立精准扶贫机制。建成精准扶贫云平台，确保扶持对象精准、项目安排精准、资金使用精准、措施到户精准、因村派人精准、脱贫成效精准。二是建立考核激励问责机制。强化脱贫攻坚领导责任制，县级党委和政府承担主体责任，书记和县长是第一责任人；制定《宁夏扶贫开发工作重点县考核评价办法》，建立第三方评估机制，并将考核结果作为干部政绩考核和提拔任用的重要依据。三是建立资金整合机制。建立自治区扶贫开发投融资平台，撬动更多金融资金；建立整合资金新机制，支持贫困县围绕本县突出问题，把专项扶贫资金、相关涉农资金、社会帮扶资金捆绑使用。四是建立完善扶贫“造血”机制。按照“大干大支持，小干小支持，不干不支持”原则，突出金融扶贫和技能培训“两大抓手”，充分激发贫困县、贫困农户内生动力；发挥党组织带头人和致富带头人作用，建立先富帮后富的机制；建立和完善龙头企业、专业合作社与贫困农户的利益联结机制；积极探索对贫困人口实行资产收益扶持制度。五是建立贫困退出机制。确保贫困县按期摘帽、贫困村按期销号、贫困户按期脱贫。六是完善社会扶贫机制。在深化闽宁协作、中央定点扶贫、区内定点扶贫的基础上，落实社会扶贫优惠政策，鼓励支持民营企业、社会组织、个人参与扶贫开发，建立社会扶贫服务信息平台，实现社会帮扶资源和精准扶贫的有效对接。

4. 加强领导，强化政策保障，确保各项措施落到实处

一是明确责任，加大各级政府财政扶贫投入力度，完善金融、土地、税收优惠政策，确保扶贫攻坚任务落到实处；二是配强班子，充分发挥基层组织在扶贫开发工作中的主体作用；三是加强监管，确保扶贫资金阳光运行；四是充实配强，建设一支能打赢精准扶贫攻坚战的扶贫队伍；五是凝心聚力，努力营造全社会参与扶贫济困的良好氛围。

宁夏“十二五”生态移民遗留问题研究

丁生忠

宁夏“十二五”生态移民搬迁已经接近尾声，这项扶贫开发与生态恢复及实现现代化等“三维一体”的复杂工程，承载着建设“四个宁夏”及与全国同步进入小康社会的历史使命。这项政府主导的民生工程既取得了一定的成绩，也暴露了一系列的问题，而且问题随着“十二五”规划时间的结束被遗留下来，主要包括三个方面：一是迁出地农户搬迁遗留问题；二是迁入地移民群众如何实施可持续发展的遗留问题；三是生态恢复遗留问题。这些问题彼此独立又相互交融，它的产生既有政策设置的局限，也有地方政府执行政策中的行为“偏好”所致。

一、“十二五”生态移民现状简要回顾

根据调查统计，截至 2015 年 7 月，除去沙坡头区和盐池县外，其他县（市、区）均有不同程度的遗留人口（见表 1），其中固原市所辖 5 个县（区）累计搬迁安置移民 4.4 万户 19.4 万人，完成“十二五”移民总任务的 83%，剩余人口将并入“十三五”扶贫开发规划。

作者简介　丁生忠，宁夏社会科学院社会学法学研究所助理研究员。

表1 宁夏“十二五”部分县（区）生态移民搬迁统计

县(区)	实施搬迁		遗留情况		截至时间
	户数	人数	户数	人数	
西吉县	11105	55000	3369	15000	2015.07
海原县	8300	37060	4093	16348	2015.01
隆德县	6754	25566	655	2893	2015.07
泾源县	4016	16950			2015.07
彭阳县	8242	34501	434	1832	2015.07
盐池县	2251	7616	0	0	2015.07
原州区	11356	47132	3848	14636	2014.12
沙坡头区	3374	14614	0	45	2015.06

资料来源：根据调研相关资料整理。说明：空格表示没有相关数据。

宁夏“十二五”生态移民周期长、横跨区域广，涉及不同类型的家庭，“静态”的移民政策与“动态”的农户家庭结构，形成动与静的矛盾统一。因此，规划预期效果与实施实际结果很难相符，遗留人口可以分为两种情况，即不符合搬迁政策者和不愿意搬迁者，他们又可以分为6种类型（见表2）。

表2 宁夏“十二五”生态移民遗留户分类情况

类型	名称	备注	说明
政策限制型	新分户	户籍界定后结婚分户、离婚分户	2009年12月31日为政府规定的移民搬迁户籍界定日期
	城镇散居户	持有乡镇户籍的农户	
	单人单户	无法投亲靠友的年轻人	
无法搬迁型	组合户	户籍界定前分家未分户	
未知是否搬迁型	失联户	有户籍、房屋、耕地，找不见人	
不愿搬迁型	不愿搬迁户		
工作疏忽型	漏报户		
特殊型	其他户	户籍为60岁以上的老人和未成年的孩子；服刑离婚人员释放后将子女户籍迁入原籍，组成新的家庭。	

资料来源：根据调研相关资料整理。

从宁夏“十二五”生态移民遗留人口看，主要是新分户、不愿搬迁户、一户多代多人口家庭等（见表3）。仅仅原州区的不愿搬迁户就有1376户5337人，西吉县不愿搬迁的人也有3458户之多。据不完全统计，海原县的新分户人口最多是379户1192人，西吉县有124户人口漏报。可见，各个县（区）遗留下的人口的类型既有相同点，也有不同之处。

表3　宁夏“十二五”生态移民部分县（区）遗留人口情况

县(区) 分类	海原县 2014.04	隆德县 2015.07	西吉县 2015.07	原州区 2014.12	泾源县 2015.7	沙坡头 2015.6
新分户	379(1192)	68(284)	140(555)			
新迁入户	18(62)		16(78)			
60岁以上老人户	196(386)					
非农户(城镇散居户)	143(352)		11(18)			
不愿搬迁户	500(2608)	21(85)	728(3458)	1376(5337)		
五保户	53(107)					
无法联系户		3(11)				
重户		1(5)				
单人变多人户		2(4)				
多人变单人户		2(4)				
无劳动能力户		3(7)				
一户多代多人		4(24)	136(1143)			95
漏报户			124(600)	121(375)		
单人单户			428(428)		356	
回迁户			6(22)			
其他情况未搬迁户			374(1511)			

资料来源：根据调研资料统计。说明：①在分类统计中括号外的数据为户数，括号内的数据为人数；②回迁户，指在“十二五”移民前已经享受过移民政策的；③西吉县的其他情况未搬迁户包括无法联系户、重户、残疾户、无劳动能力户等，没有相关的分类数据；④空格是未有相关数据。

二、“十二五”生态移民遗留问题分析

扶贫的特点是政府主导，但是宁夏“十二五”生态移民政府做得太多，包揽了一切，缺乏市场机制，缺乏调动农户的积极性因素。

（一）无土安置移民模式是遗留人口的主体

宁夏生态移民的安置模式被分为两类：有土安置移民（生态移民）、无土安置移民（劳务移民）。根据调查，农户更愿意搬迁为生态移民，而不愿意搬迁为劳务移民，探究其原因有：其一，从居住空间看，有土安置移民

是4~6分地大小的院落内含54平方米的房屋，它比无土安置54平方米的楼房，居住空间相对更大。其二，从生活习惯看，农户习惯于居住在有土安置移民的平房，也有利于他们存储日常用具，小规模饲养家禽、牲畜，而农户不习惯居住在楼房。其三，从生产生活看，有土安置移民总会分得一定的土地或种植温棚、圈棚，而土地是农户的"最后生活保障"，也是心理情感的"稳得住保障"。无土安置移民没有任何土地，生活来源仅有外出务工，而外出务工有土安置的农户同样可以。其四，从政策设置看，无土安置移民在家庭规模结构、人口年龄结构都有严格的限制，主要搬迁年轻人，而年轻人肩负着赡养老人、照顾小孩的责任，致使他们不愿搬迁。

（二）迁出区产生三类遗留户问题

1. 政策限制的遗留户

首先，城镇散居户。根据《自治区人民政府关于印发宁夏"十二五"中南部地区生态移民规划的通知》（宁政发〔2011〕34号）的规定，移民搬迁对象必须持有农业户籍，在现实中存在介于农业户籍与城镇户籍的特殊群体，即城镇散居户。他们是拥有乡镇户籍的农村人，在农村有宅基地、房屋，并且耕种土地，但是户口主要是20世纪八九十年代购买的乡镇户籍，不是县城户籍，故而不能享受廉租房等待遇，又不符合移民搬迁拥有农村户籍的政策，而被迫遗留。其次，单人单户。根据《关于进一步加强和完善生态移民工作政策的意见》（宁党办〔2013〕36号）第七条规定，对"'单人单户'等特殊搬迁对象，自愿随子女生活或投亲靠友的，迁入县（区）可允许将其户籍转到子女或亲友户籍中；无子女、无亲属或不愿搬迁的，由户籍所在县（区）负责，多途径进行安置。自治区按每户2万元的标准予以补助，资金由县（区）根据安置方式，统筹安排使用"。实际上自治区政府要求地方政府"对于不能投亲靠友的农户多途径进行安置"措施，被地方政府以两种办法替代：一是暂时放置等待后续政策；二是集中供养安置，例如隆德县沙塘镇移民集中安置点，对所有单人单户不加区分全部集中在闲置的中学免费吃住。三是特殊户。特殊户包括两类：一是在户籍上为60岁以上的老人和18岁以下未成年人组成的多人口家庭迁入地区不予搬迁；二是服刑离婚人员（户籍迁入服刑地），在刑满释放后将子女户籍迁入原籍，组成新的两人或多人户家庭没有搬迁。

2. 生活无奈的遗留户

这类遗留户主要指“多代多人口”的组合户家庭，他们在移民政策规定的户籍界定日期前已经分家但没有分户的农户，为了完成上级政府的搬迁任务（户数、人数的定额），当地政府采用搬迁必须合并户口的“异化”策略，致使这些组合户家庭人口均在8人以上，有的组合户搬迁，有的确实搬迁后无法居住而被迫遗留。虽然《关于进一步加强和完善生态移民工作政策的意见》（宁党办〔2013〕36号）第六条规定：“对存在居住困难的‘三代多人’移民家庭，特别是分家未分户、有三对以上夫妻、人口众多、家庭院内扩建住房后仍不能满足居住需求的，迁出县（区）负责解决宅基地，由移民自建。”迁入区地方政府将这项政策更多解读为“院内扩建住房”，而忽视了“负责解决宅基地”，这既有地方政府经济能力限制的缘由，也有打折扣执行上级政府政策的缘由。结果，部分持有观望态度的农户，或者说无奈观望的农户选择遗留。

3. 比较后不愿搬迁型遗留户

根据詹姆斯·科尔曼的“理性选择理论”，农户在搬迁与不搬迁之间是理性选择的结果，他们通过算计搬迁的成本与收益做出选择。生态移民打乱了农户原有的生活支持网，产生了政府“介入型”贫困，改变行路难、就医难和上学难吸引力减弱，部分农户比较邻里、亲戚搬迁前后的生活选择了留守，原因可归结为：有的农户有园林、苗木等产业；有的农户认为近年来当地基础设施改善，比迁入地务工收入高，土地宽松，种植业发展好，住房面积宽松；有的认为搬迁会导致农户房屋和产业方面的巨大损失；还有农户家庭成员有生病、残疾情况，搬迁后无法务工生活。

（三）形式化的移民技能培训

根据《宁夏生态移民“十二五”规划纲要》规定，移民技能培训设有专项资金，另据《关于做好生态移民就业培训和社会保障工作的通知》（宁政办发〔2011〕89号）的要求“2011—2015年平均每年培训1.5万人，促进7.5万名移民就业”。然而，根据课题组的调研，许多地方政府对移民群众实施的技能培训如电焊班、厨师班、挖掘机班、刺绣班等都是雷声大雨点小，在纸质的规划设计上相当完美，实则真正落实的不多，培训时断时续，学员无可奈何。自治区政府的"培训一人，就业一人，脱贫一人的目标"难以落实，只是注重培训的场次和人次。可见，监管机制的不到位，没有细化的政策规制，使得形式化的技能培训在某种程度上造成国家移民培训专项资金流失等一系列问题。

（四）移民群众处于结构性贫困的陷阱

目前，在移民地区的后续发展包括传统农业产业开发和外出务工两个方面，越过贫困陷阱所需要积累的资产水平相对较高，一般性针对农户的扶贫很难达到这样的门槛。相对富裕的移民仅仅依靠传统农业无法大幅度增加收入，况且是针对贫困移民的养殖或种植项目，即使如此还存在许多困境：其一，特色产业的困境。由于水资源有限，县内移民的设施农业和特色种植业农业主要是节水滴灌，但是滴灌只能解决苗木存活问题，产生产值很难，致富产业的空间有限。其二，养殖业的困境。受资金和养殖传统习惯限制，部分单户养殖圈舍畜饲养量达不到设计规模，集中养殖园区运行机制还不健全，筹措资金困难，移民养殖效益得不到保障。其三，非正规经济的困境。所谓非正规经济是指移民外出务工，没有基本的社会保障，并且务工受到经济增速、务工者身体状况等多种因素影响，就业空间狭窄，收入来源微薄。

（五）流转土地移民没有得到被再征用土地补偿金

根据我国《农村土地承包法》和《农村土地承包经营权流转管理办法》规定，农村土地的所有权归集体、承包权归农户、经营权归经营者。在生态移民迁入地的地方政府的实施办法是在生态移民搬迁之前，迁入地相关部门已经将土地流转给企业经营。在入户调查中，农户根本不知道土地流转给谁了。此外，当流转经营权后的农业集体土地依法改变性质转向非农业用地，进入市场交易后的国有土地，就会产生巨额经济利益，依法土地承包方（农户）应该得到相应的补偿。但是，有些地方被流转的移民土地被其他企业征用改变成非农业用地，例如闽宁镇原隆村被流转的土地，征用土地补偿金，理论上土地的所有者——移民并没有受益，由于在土地流转之前并没有具体土地位置归属的农户，致使土地所属权分散，使得农户形成了一群“乌合之众”，不能维护自身应有的权益。

（六）迁入地社会治理问题

移民迁入地社会治理问题主要表现为：一是回族和汉族“互嵌式”移民社区的民族关系问题，特别是村干部在不同民族的分配，以及由此产生的例如低保户、扶贫救助户分配时难以避免的民族情结偏好；二是村干部腐败行为的监管缺失，导致政府扶贫资金流失及村民与村干部的矛盾；三是山区与川区政府优惠政策的差异性，例如计划生育政策、扶贫救助对象的比例等，致使因移民搬迁而丧失政府优惠待遇的群众产生对抗情绪；四是移民安置房屋、土地私自交易现象如何制止、如何规范的问题。

三、解决“十二五”生态移民遗留问题的建议

2015 年底“十二五”生态移民在时间上就要结束了，无论这项工程完成与否，按照安置政策顺延惯例，遗留的所有移民问题都将纳入政府“十三五”规划。同时，两个时期的相关政策也会做出一系列调整，以适应新的发展需要，故而建议后续移民开发分两步走：第一步前两年着重解决“十二五”生态移民的遗留问题；第二步后三年根据实际情况，主要进行贫困地区就地改造移民搬迁，慎重实施大规模县外移民。

（一）多元化搬迁遗留农户

其一，遗留在迁出区多代多人口的组合户家庭、特殊户家庭，建议两种措施：一是采取每两户分配一套院落，“就高不就低”如三户仍然分配两套院落。二是结合危房改造的交钥匙工程和移民搬迁政策（每户缴纳 12800 元自筹款）两者的优势，地方政府将组合户家庭分别搬迁到临近没有规划搬迁的村庄插花居住。

其二，城镇散居户可以进行县外无土安置（劳务移民），他们大多具有一技之长或者是职业院校的毕业生，同时打破现有政策约束如根据《关于进一步促进中南部地区生态移民的若干政策意见》（宁政发〔2012〕29 号）第一条：“严格执行生态移民每户 54 平方米的住房，各地不得随意扩规超标，对于擅自扩大工程建设规模，超规划、超标准建设形成的资金缺口，各地自行承担，自治区不予补助。”这项规定虽然有利于政策执行，但

不利于农户需求的多元化，特别是无土安置的楼房农户无法扩建，在某种程度上削弱了农户搬迁的积极性。对于无土安置的楼房可以尝试建造不同规格、样式、大小，满足不同层次农户的需求，在搬迁过程中除去54平方米，剩余部分移民可以购买。

其三，年轻的单人单户是社会发展甩出的弱势群体，他们文化资本、社会资本、经济资本匮乏，政府可以基于扶贫的特殊考虑将其纳入无土安置移民，帮助他们再次融入社会，也是差别化体现社会公平的有效方式。

（二）精准分类后续移民

精准扶贫是指针对不同贫困区域环境、不同贫困农户状况，运用合规有效程序对扶贫对象实施精确识别、精确帮扶、精确管理的治贫方式。宁夏从南部到北部各地区的贫困人口需求完全不同，解决他们贫困问题的措施也是灵活性的。

一是保护水源涵养地移民。六盘山区移民搬迁旨在保护水源，规划区内的农户应该全部搬迁，因此应取消搬迁户籍界定等方面的限制。同时尝试在大六盘生态圈核心林区选择若干个乡镇或若干个村整建制进行“乡转场”“村转场”试点工作，把困难农户变为林业工人，专门从事植树造林和林木抚育管护，进而改善民生。

二是脱贫致富移民。这些贫困地区移民搬迁以减少当地的人口密度为主，例如海原县、同心县等，但是对于极度分散居住贫困地区的农户可以全部搬迁。同时，适当增加引黄扩灌移民灌溉用水指标，提高提灌利用率。

三是省际边界区移民搬迁。省际边界地区的农户肩负着守护边界地带的任务，例如盐池县等，这些地区不宜实施农户整村全部搬迁的政策，只能做分散部分搬迁，留下部分农户守护边界区，以防止外省人员进驻居住，破坏生态环境。

（三）规范移民村房屋私自交易

根据《宁夏生态移民“十二五”规划纲要》规定，“生态移民房屋产权归农户所有，10年内不得出租、转让”。实际上，移民村房屋买卖在私底下交易从来没有停止，政府也是难控制的，原因在于有的移民群众在多地用地住房，搬迁只是享受国家的“洪福”政策，终究不会居住在移民村。

因此政府应该合理引导：措施一，政府出台政策同意本村或邻近移民村移民之间房屋交易，通过控制宅基地户主防止卖给非移民，从而解决迁入地多代人口家庭房屋不足的问题。措施二，政府购买没有入住的移民房，进行二次移民搬迁分配，既可以解决入住率低的问题，也可以减少再次移民搬迁的成本。

（四）加强移民村干部腐败行为的监管

目前移民村社会管理，政府更注重“两委”班子建设，建立村警务室强化治安慰问管理，忽视对村干部腐败行为的监管。在移民村政府投入的大量互助资金放贷给农户后产生的利息，村委会余留部分的支出情况，扶贫物资的分配，低保对象的再分配等，都有滋生腐败的空间。此外，乡镇派驻移民村担任第一书记的干部，与村干部“共谋”腐败的行为并不鲜见，甚至干预村委会的选举，来延续自身经济利益的获取，也影响了村民自治，而村监委会因没有实际权力成为摆设。因此，县级政府纪检部门可以尝试把村干部的违法行为纳入监管范围。

（五）精准实施移民发展的政策

一是防止形式化的技能培训，可以实施移民硬性证件资质考试补贴政策，例如纳入技术培训的移民凡是取得驾驶证，政府给予一定补贴。二是开展政府购买培训服务，大力开展企业用工为移民的“订单式”、定向式培训，实行财政培训补贴资金与企业培训就业挂钩，跟踪移民就业期为两年。三是对农户养牛羊达到一定规模的政府提供贴息贷款和安排扶持资金，切实提高移民收入。四是加快小城镇建设，加大农贸市场、综合市场建设力度，特别是在省区交界地带、交通枢纽地段建设商贸市场，发展第三产业，增加移民的就业机会和就业容量。五是借助国家“一带一路”战略和中阿合作契机，开拓国际市场，通过政府有计划有组织地实施农户向国外劳务输出，增加就业机会。

宁夏绿色发展与“美丽宁夏”关系研究

李　霞

良好的生态环境是宁夏实现绿色发展的重要条件。按照党的十八大提出的“五位一体”总体布局的新要求，宁夏回族自治区党委、政府结合宁夏实际，提出了建设“开放、富裕、和谐、美丽”四个宁夏的宏伟目标。“美丽宁夏”建设，就是要全面落实节约资源和保护环境基本国策，推进资源节约型、环境友好型社会建设，推进可持续发展，为广大人民群众提供宜居舒适的生活环境。而宁夏绿色发展的本质是要改变粗放型的发展方式，调整经济发展结构，实现以人为本、人与自然全面协调可持续发展。面对资源约束趋紧、环境污染严重、生态系统退化的严峻形势，“黑色发展”转向“绿色发展”已成为当今经济社会发展的主题。近年来，宁夏经济社会发展取得显著成绩，呈现出良好的发展态势。但不容忽视的是，宁夏粗放型的发展方式没有根本扭转，还存在自主创新能力弱、产业结构不合理、生态环境污染依然严重等一些突出问题。从这个意义来说，宁夏绿色发展是建设“美丽宁夏”的必然选择，也是实现“美丽宁夏”的必经之路。

作者简介　李霞，宁夏社会科学院农村经济研究所研究员。

一、宁夏绿色发展和“美丽宁夏”的内涵

（一）宁夏绿色发展的内涵

发展是时代的永恒主题，但如何协调经济与环境的关系又是发展的难题。所谓绿色发展是指在生态环境容量和资源承载力的制约下，通过保护自然环境，实现经济可持续科学发展的新型发展模式和生态发展理念，其本质是变粗放发展方式为集约发展方式。它的主要特征表现在以下六个方面：（1）绿色发展是低资源消耗的发展。绿色发展通过技术进步、工艺改进、劳动者技能提高等路径，生产同量的社会财富消耗较少的资源，实现源头减量。（2）绿色发展是废弃物排放较少的发展。由于绿色发展是实现源头减量的发展，废弃物必然减少。（3）绿色发展是废弃物资源化的发展。绿色发展秉持废弃物是放错位置的资源的理念，通过各种途径变废为宝，如粉煤灰可以作为水泥的添加原料。（4）绿色发展是高效益的发展。这里的高效益是经济效益、社会效益和生态环境效益的统一。（5）绿色发展是人与自然高水平和谐的发展。绿色发展是在自然资源再生范围内和环境自净容量内的发展，既体现了人类的生存权和发展权，又体现了人类对自然的敬畏、尊重和关爱。（6）绿色发展就是资源节约的发展，环境友好的发展，可持续的发展。

（二）“美丽宁夏”内涵

1.“美丽宁夏”是环境优美的宁夏

党的十八大报告提出“把生态文明建设放在突出地位”，并使用了“山清水秀”“天蓝、地绿、水净的美好家园”等新词句描绘未来“美丽中国”的自然之美。可见，自然之美是建设美丽中国的首要目标。宁夏是中国的重要组成部分，中国要美丽，宁夏必须先美丽，宁夏的生态环境关系中国美丽的大局。在这样的形势下，宁夏必须尊重自然规律，顺应自然、保护自然，促进人与自然的和谐共生，这是实现“美丽宁夏”的必由之路。因此，“美丽宁夏”就是建设环境优美的宁夏。

2.“美丽宁夏”是社会和谐的宁夏

良好的生态环境是最公平的公共产品、最普惠的民生福祉。人与自然

的和谐共处有利于推动人与人的社会和谐，反之，人与自然不能和谐相处，自然环境遭到人类社会破坏的同时，也会严重影响社会和谐，影响人和人类的生存条件及生存状况。现阶段，人民群众的物质生活水平不断提高，同时对环境质量、健康水平的关注度也越来越高，“盼环保”逐渐取代了“求温饱”，“要生态”逐渐取代了“谋生计”。建设“美丽宁夏”，就要为人民群众提供更多更优的生态产品，打造宜居适度的生活空间，满足人民群众“盼环保”“要生态”的新期待，提高人民群众的生活质量，增强人民群众的幸福指数，有助于形成社会和谐的宁夏。因此，建设“美丽宁夏”就是建设社会和谐、人人幸福的宁夏，实现社会与自然的和谐统一。

3.“美丽宁夏”是绿色发展的宁夏

党的十八大报告明确提出要“着力推进绿色发展、循环发展、低碳发展”，实现建设“美丽中国”的奋斗目标。绿色发展就是在生态环境容量和资源承载能力的制约下，通过保护自然环境实现可持续科学发展的新型发展模式和生态发展理念。改革开放以来，宁夏经济快速发展，但同时也付出了沉重的环境代价。2011 年，宁夏万元 GDP 能耗是北京的 5 倍。2014 年，宁夏万元 GDP 能耗比发达国家高出 4 倍，工业排污更是发达国家的 10 倍以上。建设“美丽宁夏”，就是要把生态文明建设放在更加突出的位置，切实把生态优势转化为发展优势，加快生态经济的发展，努力开创绿色发展新局面，既要推动经济发展，又要注重保护环境，实现经济发展与自然的和谐统一。

二、宁夏绿色发展与“美丽宁夏”的关系

（一）“美丽宁夏”建设以绿色发展为精神内涵

党的十八大报告中明确提出要把生态文明理念融入到经济建设、政治建设、文化建设、社会建设当中，生态文明理念应当成为当前我们发展中的根本指导理念和精神内涵。生态文明是一种发展理念，而宁夏的绿色发展则是践行这种理念的具体发展方式。生态文明要求人与自然和谐相处，人类在实现自我发展的同时应当处理好与自然界的和谐相处关系。而绿色发展要求我们在发展过程中，应秉承绿色环保的思想，发展不但不能破坏

环境，而且还要促使环境更加健康。这种处理人类社会与环境保护之间关系的方式本身就是践行了生态文明理念。从这个角度看，宁夏的绿色发展是以生态文明理念为精神内涵的，同时还应当通过科技创新提升资源利用率，用最少的资源实现最大的发展。这种可持续的发展也完全契合了生态文明理念关于当前发展和未来发展的要求，实质上，这种生态文明理念也成了绿色发展的精神内涵。

（二）绿色发展是生态文明建设的重要支撑

作为一种文明形态，生态文明若要实现对人类社会的推动作用必须需要一个支撑，将生态文明理念转化为具体的制度、现实的技术、鲜活的文化，而绿色发展就是践行这种理念的重要支撑。当前，宁夏绿色发展方式十分活跃，具体表现在以下两个方面。一是建立“一个制度体系”，制定“三项实施计划”，加强顶层设计。“一个制度体系”即污染减排全面量化控制体系，分门别类对水、大气、土壤等环境介质设定了2017年环境保护总体目标和年度目标，采取了对重点污染源实行24小时全天候监控措施，建立了涉及所有污染物排放的监控制度。“三项实施计划”即先后出台《宁东环境保护行动计划》《全区环境保护行动计划》《大气污染防治行动计划》，切实提高环境保护工作的科学化管理水平。同时，自治区调整设立了环境保护执法局、核与辐射安全局、固体危险废物和化学品管理局，进一步增强环境执法能力。健全完善了对重点企业、工业园区、地区经济运行状况的环境质量评价考核体系，科学评价企业污染减排状况，及时实施污染减排调控措施。二是措施更加有力。在污染防治方面：宁夏率先在全国实现地级市空气环境质量自动监测全覆盖。银川市实施大气污染防治“蓝天工程”；石嘴山市开展了煤炭市场环境综合整治；中宁县等5个重点城镇的污水处理厂提标改造、集污扩容及污水再利用工程建设，污水处理能力进一步提升。在农村环境保护方面：通过不懈努力，宁夏进入全国2个全覆盖拉网式农村环境综合整治试点省（区）之一。节能减排方面：火电企业脱硫设施建设、水泥生产线低氮燃烧改造和脱硝工程建设、重点畜禽养殖污染治理、清洁能源利用、淘汰落后产能等工作走在了全国前列。企业在减少污染排放的过程中还不断研发创新了废物利用技术，不可再生资源消耗明显减少。2014 年，宁夏通过资源综合利用认定的企业达到 45 家，工业固体废弃物年综合利用量超过 800 万吨，资源综合利用率 65%。这一成绩的取得都是源于绿色发展方式对现实社会发展的影响作用，但是最根本的还是生态文明理念对我们整个发展理念的影响。生态文明作为一种文明形态，其内部还包含如指导理念、实现方式、协调机制等诸多构成因素，而绿色发展就是将这种理念转变为现实的具体方式。因此，绿色发展也成为生态文明建设的一种重要支撑。

三、当前宁夏绿色发展存在的主要问题

（一）政府职能转变不能适应宁夏绿色发展的要求

当前，宁夏政府职能转变进程与生态社会建设速度还不协调，尤其是政府未能及时处理好发展与生态之间的关系。虽然说，政府在一定程度上树立了绿色发展理念，但总体看来，绿色发展理念对宁夏经济、社会的协调作用还不是非常明显。虽然中央在考核地方发展中不再以 GDP 论英雄，但是长期的粗放式发展和对自然环境的破坏问题没有从根本上得到治理。究其原因就是政府职能还没有得到充分的转变，长期以经济指标为工作指导的惯性思维还没有改变。只要和“资”有关的项目就一路绿灯，并辅以政策拐棍，让短期的增长先于子孙的长治久安。关于绿色发展，宁夏虽然制定了一系列法律法规和政策，但这些政策措施在具体执行中发生了扭曲，未能对当前的粗放式发展现状的改变产生积极作用。执法不到位，监督体制不健全，事后监督多于事前监督和事中监督，舆论监督的作用大于政府监督。如位于中卫市腾格里沙漠边缘的宁夏明盛染化有限公司，多年来向腾格里沙漠偷排污水，此类严重污染事件就是被新闻媒体曝光的。这在一定程度上体现了政府职能的弱化，政府职能转变不能适应宁夏绿色发展的要求。

（二）法律法规尚需进一步健全

绿色发展方式需要借助制度载体方可转变为现实生产力。宁夏环境立法还没有清晰地确立绿色发展理念的指导地位，环境立法与司法环节存在严重的脱节现象。市场主体的违法成本低，对于破坏生态环境的现象缺乏

必要的预防体系。环境法律条文缺乏实效性和科学的监督体制，空洞、宽泛、不确定的内容较多。法律法规方面的不完善主要表现在以下两个方面：一是对于监督对象的监督工作不细致，一些企业在生产经营过程中存在违法现象，但是这些违法现象并没有在法律监督框架下被及时的发现、解决；二是法律监督执行不到位，政府部门在执行过程中存在着变相改变法律法规内容的现象，对政策的贯彻执行采取消极态度，做一做表面文章，政策执行过程疲沓、缓慢等，导致法律法规与政策无法真正落到实处。

（三）绿色技术自主创新能力依然不足

宁夏的发明专利授权率依然偏低，其技术发明活动尚处于较低水平且稳定性不高。2014 年，宁夏专利授权量 1424 件，其中发明专利授权量 243 件，占专利授权量的 17%，且发明专利较多集中在外围技术等方面，核心技术专利数量偏少，绿色发展的关键领域目前仍以技术引进为主，关键核心技术和集成性技术缺乏。截至 2014 年底，宁夏只有 2 家企业进入工业和信息化部与财政部联合认定的在工业主要产业中技术创新能力较强、创新业绩显著、具有重要示范和导向作用的企业。绿色科技创新基础能力建设滞后，基础性投入仍不够，技术平台存在缺失，重点实验室的能力亟待提升；绿色科技创新高端人才不足，特别是缺乏领军人才。

（四）生态环境污染依然严重

宁夏正处于工业化、城镇化的快速推进阶段，发展与环境的矛盾仍然十分突出。2014 年，宁夏化学需氧量、氨氮、氮氧化物、二氧化硫四项主要污染物排放强度分别是全国平均水平的 2.14 倍、1.58 倍、4.36 倍和 3.25 倍。空气呈现出自然尘、煤烟型综合污染特征，有风时天气晴朗，无风时灰蒙。12 条主要排水沟中，除第一排水沟为三类水质、罗家河为四类水质外，其他基本上是劣五类水质。固体废物产量大，综合利用率低，渣场无序堆放的情况仍较为普遍。随着煤化工危险化学品和危险废物的生产、使用、运输量不断增加，重金属、持久性有机污染物等带来的环境风险日益突出。目前，宁夏仍有严重土地沙化面积 118 万公顷，占宁夏土地面积的 17.8%。中南部山区水土流失问题仍然严重，干旱呈现范围扩大和旱情加重的趋势。“经济增长与环境损失并存”的局面，已经成为宁夏经济社会可持续发展的掣肘，不能等闲视之。

（五）产业结构不合理，经济发展方式粗放

2014年，全国产业结构为9.2:42.6:48.2，宁夏为7.9:48.8:43.3，六大高耗能工业比重占到54.4%。不合理的产业结构是造成宁夏生态环境恶化的重要原因，这表明要建设“美丽宁夏”，实现经济社会的绿色发展，必须转变发展思路，要夯实第一产业基础，做强第二产业，做大第三产业，实现由“高开采，高消耗，高排放，低效益”的发展方式向“低开采，低消耗，低排放，高效益”的发展方式转变，实现绿色转型，坚定不移地走绿色发展道路。

（六）环保机构不健全，执法力量薄弱

多年来，宁夏环境保护工作的目标主要围绕为经济发展保驾护航，“重经济发展、轻环境保护，重企业效益、轻环境保护投入”的错误观念在地方政府和企业中普遍存在。在发展与环境保护产生矛盾时往往更多地偏重于发展，环境保护工作经常要为经济发展让路。一些市县环境保护机构不健全、执法力量薄弱；一些地方不重视工业园区环境保护基础设施建设，污染物不能得到及时有效处理和达标排放；个别地方政府片面追求GDP，执法疲软，不认真履行环境保护责任或履职不到位。不少企业只注重生产，环境保护设施建设不配套或者建成后不运行，环境违法问题时有发生、屡禁不止。一些企业宁愿交罚款、不愿投资治污，形成“守法成本高，违法成本低”等突出问题。据环境保护系统统计，2014年，宁夏投诉的环境保护事件达4074件，比2012年增长了9%。环境保护效果与群众的感受、社会的期盼还存在较大差距，环境保护工作的任务还十分艰巨。

四、基于“美丽宁夏”建设的宁夏绿色发展路径选择

实现绿色发展必须牢牢把握“美丽宁夏”建设与宁夏绿色发展的关系，实现绿色发展必须找到这种发展方式的源动力，那就是生态文明理念。生态文明理念是绿色发展的精神内涵，基于生态文明的绿色发展才是高效的发展、健康的发展。中央对生态环境建设的重视程度前所未有，生态环境建设已经成为实现“中国梦”的重要组成部分。“贺兰山下果园成，塞北

江南旧有名。”宁夏自古以来就是一块风水宝地，天蓝地绿水清一直是宁夏最亮丽的名片。自治区党委十一届三次全会提出的建设“开放、富裕、和谐、美丽”四个宁夏的奋斗目标，建设“美丽宁夏”成为今后一段时期宁夏发展的四项重大任务之一，充分表明环境保护工作已经从单纯的为经济发展保驾护航，转变成为优化发展环境、改善民生、促进社会和谐的主要任务，是经济社会发展的重要主题。

（一）落实责任，发挥各部门协同作用

一是明确企业主体责任。“谁污染，谁治理”是国家污染治理的总原则，企业必须加大环境保护资金投入，加强环境保护设施建设，采用先进的生产工艺和治理技术，下大功夫治理废水、废气和废渣，做到达标排放。二是落实政府领导责任。各级政府对本行政区域的污染减排工作负总责，政府主要领导是第一责任人，政府和政府领导要切实加强环境保护工作力度，加大投入，强化监管。三是发挥各部门协同责任。环境保护工作仅靠环境保护部门是不够的，各部门要形成工作合力，协同推进。发展改革部门要确保新上项目符合环境保护准入条件和科学布局，从源头上控制污染排放；经济和信息化部门要切实抓好节能降耗和淘汰落后产能工作；农牧部门要抓好农业减排项目落实，推进畜禽养殖污染治理；公安部门要强化机动车减排措施，推进机动车尾气污染防治；国土资源部门要强化项目用地审批与规划环评，做好与环境保护要求的衔接配合；物价部门要注重运用资源性产品价格调整，进一步形成对节能减排的倒逼机制；住房城乡建设部门要大力支持城镇污水处理厂提标改造工程建设；司法部门要积极利用司法手段，做好环境执法的司法保障；环境保护部门作为履行环境保护监管职能的主管部门，要切实履行好主要责任，发挥好统筹协调作用。

（二）健全有利于绿色发展的法律法规体系

宁夏绿色发展的实现需要法律制度作为基本保障，要围绕水、大气、农村环境保护、危险化学品、固体废物污染防治、土壤污染防治等重点领域，在生态文明理念指导下，重点推进宁夏地方性法规立法。在立法工作中，应遵循以下三条原则：一是生态化原则。所谓生态化原则就是法律条文之间应相互协调，紧密联系，形成配合度较高的一个整体系统。如对于环境违法现象的认定，除了对社会造成的危害之外还要追究造成违法现象存在的其他原因，如政府监管不力等。二是对环境违法的惩罚力度应当大于违法行为所获得的全部利益。三是在法律框架内设置关于执行的监督制度。对于执行不力的责任方应当追求法律责任。这样的法律制度在促进绿色发展中的价值和功能方能全部显现出来。

（三）科学制定《宁夏环境功能区规划》

制定《宁夏环境功能区规划》，可以从宏观层面规避新的布局型、结构型污染，确保生态安全、维护人居健康，从源头解决生态环境问题。

1. 划定并严守生态红线

将宁夏自然保护区、风景名胜区等重要区域划为生态红线区域，实行分级分类管理，禁止开发区域严禁一切形式的开发建设活动。限制开发区严禁影响其主导生态功能的开发建设活动，全面提升生态红线区的管控和保护水平。

2. 统筹区域，实行分类管理

以统筹区域分类保护为目标，通过构建绿色生态格局，强化贺兰山东麓葡萄长廊环境保护，推进大银川都市区黄河两岸生态环境建设，改善宁夏城乡环境质量，加强工业园区污染的全防全控，实现环境保护与经济协调发展。

3. 加大重要湿地保护力度

加大对典型湿地、国家重点或珍稀濒危野生动植物栖息地等退化湿地的恢复治理力度，逐步恢复被破坏的湿地生态系统。加快实施沙湖流域生态环境治理工程，优化流域产业布局，构建功能完善的农业面源生态氮磷拦截系统，构建畅通的区域综合协调管理机制。

4. 加强生物多样性保护

明确宁夏主要物种资源保护的重点与任务，启动全区物种资源保护工程，开展生物多样性保护示范区、恢复示范区建设，使全区物种资源得到有效保护和恢复。

5. 提升自然保护区建设水平

稳步扩大自然保护区的数量与面积，加大力度支持并组织有条件的自治区级自然保护区申报“国家级自然保护区”，进一步扩大宁夏国家级自然保护的数量与规模，推动自然保护区由“数量规范型”向“质量效益型”转变。

（四）大力发展绿色产业

围绕宁夏发展绿色经济的现实需求，加强绿色技术研发和推广，大力发展循环经济，推动形成绿色产业体系，使绿色产业成为宁夏未来经济发展的重要引擎。

一是强力推进绿色工业发展。宁夏要坚持走新型工业化道路，依靠技术创新，加大产业结构调整，重点发展战略型新兴产业。以生态园区建设为平台，按照“统一规划，产业集聚，资源共享，整体优化”的原则，高标准建设、整合、提升各类开发区和工业园区，加快产业集聚和产业链延伸，强化资源要素的集约利用。加快传统产业转型升级，坚决淘汰高消耗、高排放、低效益的落后产能，减少污染物排放。

二是大力发展绿色农业。按照高产、优质、高效、生态、安全的要求，以保障粮食安全、增加农民收入、实现可持续发展为目标，以推进农业规模化、集约化、产业化、标准化、机械化为重点，坚持用现代科学技术改造农业，用现代产业体系提升农业，用现代经营形式推进农业，加快转变农业发展方式，不断提高土地产出率、资源利用率、劳动生产率，进一步增强农业综合生产能力和市场竞争能力。

三是积极发展节能环保产业。加快太阳能、沼气、风能和生物质能等新能源的开发利用，提高各类资源的保障程度，抑制能耗不合理增长。深入实施企业节能行动，突出抓好建筑、工业、交通、商业、公共机构等领域节能减排，积极实施可再生能源建筑应用和绿色照明工程，全面推进绿色建筑行动。

四是大力发展现代服务业。现代服务业是产业素质整体跃升的重要标志，要适应新型工业化发展的内在要求，适应民生改善的迫切需要，立足现实基础，不断开拓新领域，发展新业态，培育新热点，推进现代物流、金融保险、信息咨询、电子商务、商贸流通、生态旅游、文化创意等现代服务业规模化、品牌化、网络化经营，推动形成功能增强、结构优化、特色突出、优势互补的服务业发展新格局。

（五）加快科技创新

科技创新可以支持能源资源循环利用，极大地提高能源资源的利用效益，从根本上改变人类生产经营方式。所以说，绿色经济发展的关键在于科技创新。为此，一是政府要加大科研投入。重点支持新能源、新材料、节能环保、生物医药、生物育种、信息网络等领域的核心关键技术的攻关和系统集成，不断推动绿色科技进步。二是要增强企业自主创新能力。实行产学研相结合，集中力量研究开发一批具有知识产权并有重大推广意义的资源节约和综合利用技术和产品，为绿色经济发展提供强有力的科技支撑。三是加大先进科技成果的推广应用力度。推进工业节能、建筑与生活节能、绿色再制造、农村环境综合整治等工程建设，促进科技创新与发展绿色经济融合，实现宁夏经济的绿色增长。

案例研究篇

宁夏南部山区生态移民迁出区生态修复报告

张耀武

生态修复是指对生态系统停止人为干扰，以减轻负荷压力，利用生态系统的自我恢复能力，辅以人工措施，使遭到破坏的生态系统逐步恢复与重建工作。宁夏南部山区包括同心县、盐池县、原州区、西吉县、隆德县、泾源县、彭阳县、海原县等8个国家扶贫重点县（区），以及红寺堡区和沙坡头区、中宁县的山区部分，由于干旱少雨，水资源极度短缺，自然灾害频繁，水土流失严重，生态脆弱，人口、资源、环境与社会经济发展极不协调，大部分贫困人口生活在这一地区。为了从根本上解决当地贫困人口的脱贫问题，进入21世纪以来，宁夏实施了有计划的生态移民和生态修复工程，对南部山区的扶贫攻坚和生态修复发挥了积极的作用。

一、宁夏实施生态移民迁出区生态修复的背景

为了从根本上解决中南部地区的贫困问题，2001年以来，宁夏回族自治区党委、政府先后实施了易地扶贫搬迁移民、中部干旱带县内生态移民和“十二五”中南部地区生态移民。规划到2015年累计搬迁67.88万人，其中整村搬迁45.03万人，移民迁出区退出土地面积预计达到1272.1万亩。其中：林地、草地、园地等现有生态用地557.9万亩，耕地356.7万亩，未

作者简介　张耀武，宁夏社会科学院综合经济研究所研究员。

利用地321.8万亩，宅基地23.4万亩，交通用地7.9万亩，水域及水利设施用地4.4万亩。由于宁夏生态移民迁出区生态类型复杂多样，生态环境脆弱敏感，生态修复形势复杂，任务十分艰巨。为此，自治区人民政府在贯彻落实《全国生态环境建设规划》（国发〔1998〕第36号）、实施天然林保护工程、水土流失综合治理工程、旱作生态农业建设工程和退耕还草还林工程的基础上，依据《关于加强生态移民迁出区生态修复与建设的意见》，编制了《宁夏生态移民迁出区生态修复工程规划（2013—2020年）》。从2013年开始，组织实施了宁夏生态移民迁出区生态修复工程。

二、宁夏生态移民迁出区生态修复的举措和成效

（一）迁出区生态修复目标

自治区人民政府批复实施的《宁夏生态移民迁出区生态修复工程年度实施方案》明确提出，对生态移民迁出区1272.1万亩土地进行生态修复和保护，其中实施封禁保护自然修复879.7万亩，安排人工生态修复380.1万亩（不包括中幼林抚育），对12.3万亩原水域、水利设施和道路进行保护并服务于生态修复。到2017年，移民迁出区林草覆盖度比2012年提高25个百分点，达到56%；森林覆盖率比2012年提高3.1个百分点，达到16%；水土流失和土地退化得到基本控制，生态修复示范区建设取得阶段性成果。到2020年，移民迁出区植被覆盖度比2012年提高39个百分点，达到70%左右；森林覆盖率比2012年提高5.1个百分点，达到18%；生态环境质量明显改善，水源涵养、水土保持和防风固沙的生态功能显著增强，将生态移民迁出区建成国家级生态修复示范区。

（二）生态修复的举措

按照生态特点、自然条件和生态建设水平，将宁夏南部山区生态移民迁出区划分为六盘山水源涵养区、黄土丘陵水土保持区、干旱带防风固沙区三种类型，并根据不同区域类型的生态特点，采取不同的生态修复措施。

1. 六盘山水源涵养区

六盘山水源涵养区区域范围包括六盘山主体及周边地区，涉及原州、西吉、隆德、泾源、海原5个县（区）21个乡（镇），土地总面积为162.5

万亩，占移民迁出区总面积的12.77%。区域特点为年降雨量约450~700毫米，干燥度为1~1.49，大于等于10℃积温2000℃左右，土壤以黄绵土、黑垆土和灰褐土为主，土壤机械组成质地差，抗冲刷能力弱。生态修复以加强现有各类林地封育管护、营造水源涵养林、实施人工种草、重建稳定的林草生态系统为主。

2. 黄土丘陵水土保持区

黄土丘陵水土保持区区域范围包括彭阳、原州、西吉、隆德、海原5县（区）大部和同心、盐池2县南部地区68个乡（镇），土地总面积为818.3万亩，占移民迁出区总面积的64.33%。区域特点为年降雨量300~450毫米，干燥度为1.5~3.49，大于等于10℃积温2000~2500℃，土壤以黄绵土为主，质地为轻壤或沙壤，土壤结构疏松。生态修复以加强坡耕地水土流失治理、自然恢复与人工种植林草措施相结合为主，布设小型水保工程为辅助，构建水土保持林草体系。

3. 干旱带防风固沙区

干旱带防风固沙区区域范围包括同心、盐池2县北部和沙坡头区、中宁县的山区7个乡（镇），土地总面积为291.3万亩，占移民迁出区总面积的22.9%。区域特点为东西两面被沙漠包围，年降雨量仅200~300毫米，干燥度为3~4，大于等于10℃积温2500~3000℃，土壤以灰钙土、淡灰褐土和风沙土为主，结构松散、沙性大。生态修复以巩固封山禁牧和退牧还草建设成果为核心，采取封育、补播改良、人工造林、种草，加快毛乌素沙地等沙化耕地的综合治理。

（三）生态修复的重点工程

宁夏南部生态移民迁出区生态修复工程重点实施房屋拆迁及废弃物填埋、林业、草地恢复、水土保持四大工程。

1. 房屋拆迁及废弃物填埋工程

规划提出，对移民迁出区10.85万户住房实施统一拆迁、平整，拆迁废弃物就近填埋，防止移民回迁。

2. 林业工程

规划提出，对生态移民迁出区15度以上坡耕地以营造生态林为主，部分条件适宜的宅基地、院落平整后种植经果林。实施林业工程 80.1 万亩，其中人工造林及中幼林抚育 78.1 万亩，包括生态林 76 万亩（乔木林 13.8 万亩、灌木林 62.2 万亩）、经果林 2.1 万亩；建设林木种苗基地 2 万亩。

3. 草地恢复工程

规划提出，对生态移民迁出区原有梯田、沟坝地等条件较好的耕地实施人工种草，15 度以下的坡耕地以撒播为主进行补播改良，部分条件较差的宅基地平整后也恢复为草地。实施草地恢复 300 万亩，其中人工种草 56 万亩，补播改良 244 万亩。

4. 水土保持工程

规划提出，对原有坡耕地实施林草修复措施的同时，在土壤侵蚀严重地段，布设谷坊、沟头防护等小型水保设施，防止水土流失。加强对现有淤地坝的管护，对下游有居民及重要设施的危旧淤地坝实施除险加固。根据实地条件和需要，配套建设小型水资源利用工程，为林木种苗基地及人工林草措施提供水源保障。修建谷坊、沟头防护等小型水保设施 928 处，淤地坝除险加固 56 座，小型水资源利用工程 67 处。

（三）生态移民迁出区生态修复取得的成效

1. 林草建设工程成效显著

自 2013 年开始对宁夏南部生态移民迁出区进行生态修复以来，依托“十二五”中南部生态移民工程、国家巩固退耕还林工程、“三北”防护林工程、防沙治沙、天保工程、森林生态效益补偿等各类林业项目，重点生态功能区转移支付、水土保持、退牧还草、草原生态保护补助奖励等国家项目资金和自治区财政专项资金支持，各县（市、区）认真贯彻落实《宁夏生态移民迁出区生态修复工程年度实施方案》，截至 2015 年底，已完成土地修复面积 182.27 万亩，其中完成人工造林 76.42 万亩、草地恢复（包括草地补播和人工种草）105.85 万亩。已建成原州区开城镇刘家沟、张易镇马场，西吉县月亮山、张家湾等生态移民迁出区高标准人工生态修复示范点。在彭阳、泾源、同心 3 县新建林场 3 个，扩建迁建林专场 1 个，新增林业管护面积 210.64 万亩。

2. 水保工程和房屋拆迁及废弃物填埋工程及时跟进

依据生态修复工程年度实施方案要求，相关县（市、区）组织完成了2014—2015两年度水保工程建设任务，共建成小型水保设施333处，淤地坝除险加固工程40项，小型水资源利用工程36项。“十二五”县外生态移民在搬迁过程中，及时开展了房屋拆迁及废弃物填埋工程，累计完成了34945户的移民搬迁和房屋拆迁及废弃物填埋等工作。

3. 移民迁出区生态环境得到明显改善

自2000年实施退耕还林还草还牧和移民搬迁工程以来，南部山区各县（区）对退耕区和生态移民迁出区通过实施禁牧、封育、人工造林等措施，陆续开展了较大规模的退耕地植树造林、种草和荒山造林等治理措施，有效促进了植被恢复与更新，植被稀疏、土壤侵蚀、水肥流失、荒漠化等现象得到有效遏制，局部地区的生态环境得到有效改善。

三、宁夏生态移民迁出区生态修复存在的突出问题

（一）生态修复资金投入少、缺口大

1. 移民迁出区生态修复资金投入严重不足

由于宁夏南部山区生态移民迁出区自然条件恶劣，干旱少雨，水土流失严重，交通不便，生态修复难度大、成本高，所需投资大。按照宁夏南部山区移民迁出区生态修复规划测算，需要总投资17.12亿元，其中需要申请国家补助专项投资7亿元，但至今未申请到位。现有生态修复工程所涉及的林业工程、草地保护与恢复工程、水土保持工程和房屋拆迁及废弃物填埋工程，所需资金除自治区财政安排少量专项资金外，其他均由相关厅局整合现有国家安排项目资金解决。

2. 现有生态修复建设部分整合项目资金覆盖面小

国家和自治区只对“十二五”中南部地区生态移民规划迁出区新增生态用地安排了少量资金进行自然修复，未安排易地扶贫搬迁移民和中部干旱带县内生态移民工程迁出区的生态修复专项资金。国家退牧还草补播改良项目仅涉及中部干旱带，原州、彭阳、泾源、隆德、西吉等5县（区）没有在项目实施范围内，因而影响5县（区）草地生态建设工作。

3. 生态修复资金补助标准偏低

生态移民迁出区干旱缺水，交通不便，造林、种草和草原补播改良成本高，但生态修复造林国家补助资金较低，乔木林每亩补助300元、灌木林每亩补助120元、草原补播改良每亩45元、人工种草每亩160元，各县（区）地方配套资金筹措困难，而实际投资则分别需要1665元、800元、150元、240元，投资缺口较大，影响生态修复的质量和进度。

（二）移民迁出区土地权属界限不清

1. 移民迁出区土地不能全部收归国有

自治区人民政府《关于加强生态移民迁出区生态修复与建设的意见》明确规定，对生态移民迁出区土地全部收归国有，由县级人民政府统一管理，组织实施生态修复工程。但由于部分安排搬迁农户未搬迁、自发移民承包土地无法收回等种种原因，导致移民迁出区土地不能全部收归国有，且由于已搬迁农户的承包土地与未搬迁农户的承包土地插花分布，造成生态修复建设工程不能整体推进，增加管护困难。二是部分生态修复土地属性变更困难。生态移民迁出区退出土地中有耕地356.7万亩，其中大部分是基本农田。基本农田要变为林业用地需要进行土地属性变更。但由于国家实行基本农田严格管理政策，属性变更审批困难。三是部分迁出区原有土地、林地和新造林地的权属不明晰。由于自治区对移民迁出区的土地使用、流转和管理的权属做出明确的规定，导致管护主体不明确，管护责任难以落实。

2. 乱占迁出区土地现象较多

由于生态移民规模大、时间短，迁出区土地管理、生态保护管理体制、组织机构不健全，管护人员少，责任落实不到位，无法进行有效管护，使得迁出区土地被未迁出农户随意耕种占用，县内迁出农户继续耕种或随意养羊、私自放牧等现象突出，特别是随着生态移民的大量迁出，腾退土地面积大，一些个人、集体看到了土地开发利用的价值，不顾自治区规定"生态移民迁出区土地在2020年以前不得进行任何经营性开发建设，不准以任何名义引入企业、个人对土地进行承包、经营和使用。严禁移民个人私自买卖、出租和转让迁出区土地"的禁令，未经相关部门审批，随意乱占土地进行耕种和相关的开发利用。更有甚者，打着药材开发、林药间作的旗号，辟地种药，肆意毁坏生态环境。

（三）植被修复重造轻管现象突出

生态修复人工措施以人工造林和草原补播改良、人工种草为主，但由于管护经费缺乏，生态修复区域面积大，部分人工造林和种草工程完成通过验收，后期缺乏有效管护，部分人工生态修复区病、虫、草害严重，偷牧牛羊损毁林木现象时有发生，致使部分生态修复区域林木成活率低、保存率低、综合效益低。

四、加强生态移民迁出区生态修改的对策建议

（一）牢固树立"生态优先"的发展理念，加强严格管护

实施生态移民迁出区生态修复工程，首先要牢固树立生态优先的发展理念，使生态优先变成南部山区各县（区）普遍行动和遵循的道德准则，大力推进生态移民迁出区生态修复工程的实施，认真贯彻落实自治区人民政府出台的《关于加强生态移民迁出区生态修复与建设的意见》，健全组织管理机构，在规模较大的生态修复区成立"生态修复管理中心"，加强管护队伍建设，严格按照我国《森林法》《草原法》《封山禁牧条例》《森林防火条例》等法律法规，建立健全管理制度，实行封、造、管一体化管理，严禁乱占乱垦迁出区土地、乱砍滥伐现有林木。坚持抓好封山禁牧，林草病、虫、鼠、兔防治，草原、森林防火工作和幼林抚育管护工作。

（二）明确迁出区土地权属界线，分类修复

一是由自治区出台宁夏生态移民迁出区土地使用权经营管理办法和原有草原、林木所有权、自发移民承包耕地使用权评估、回购、流转办法，明确迁出区土地全部收归国有，将集中连片迁出区土地全部划归或流转给生态修复管理中心或国有林场，实行统一管护，集中修复治理。

二是对生态移民迁出区的耕地进行分类管理。凡属立地条件好，适宜规模化开发耕种的基本农田或一般耕地，均可通过土地流转企业经营、种植大户承包经营、建立家庭农场等多种形式，进行集中连片开发利用，以确保基本农田数量不减少；凡属不适宜耕种的基本农田或一般农田，统一

申报国土管理部门审批，进行耕地属性变更，宜林则林、宜草则草，进行人工生态修复。

（三）拓宽资金筹措渠道，提高生态修复补贴标准

一是积极争取中央补助生态修复专项资金和生态补偿资金，用于生态修复工程建设，缓解生态修复资金短缺的压力。二是积极争取国家扩大退牧还草补播改良、“三北”防护林工程等项目的实施区域，力争涵盖宁夏中南部生态修复全境，以增加国家经费投资。三是扩大自治区财政专项资金规模，由现在的每年专项补助 1000 万元，增加到每年专项补助 2000 万元的规模。四是提高生态修复补贴标准，将现行的乔木林每亩补助 300 元，灌木林每亩补助 120 元、草原补播改良每亩 45 元分别提高到 850 元、400 元和 80 元，降低各县（市、区）的地方配套资金，以加快推进生态修复的进度，提高生态修复的质量。五是每年安排一定数量的生态修复管护经费，专门用于生态修复区的日常管护、补植补造、病虫草鼠兔危害的防治等工作，加强生态修复的后续管理工作，提高生态修复的林草成活率、保存率和植被覆盖率。

（四）扩大人工修复规模，加快生态恢复进度

自治区人民政府批复实施的《宁夏生态移民迁出区生态修复工程年度实施方案》明确提出，在进行生态修复保护的 1272.1 万亩土地中，实施封禁保护自然修复的 879.7 万亩，安排人工生态修复 380.1 万亩（不包括中幼林抚育），分别占生态修复总面积的 69.2%、29.9%。但由于宁夏中南部生态修复区干旱少雨，水土流失严重，自然修复是一个漫长的过程，植被修复、演替过程缓慢，安排封禁保护自然修复面积占比过大，人工生态修复面积较小。建议将人工生态修复规模扩大到生态修复总面积的 50%以上为宜。特别是在南部山区应加大乔木人工造林面积，在中部干旱带，应加大柠条等灌木人工造林面积，以加快生态修复进程，切实达到生态修复的目标要求。

（五）培育发展生态修复后续产业，巩固生态修复成果

目前，宁夏中南部生态移民迁出区开展的生态修复工程和进行自然修复，远远达不到生态环境可持续发展的要求。在进行生态修复的同时，必须因地制宜，培育发展生态修复后续产业，才能巩固生态修复成果，实现生态环境可持续发展的目标。建议由自治区制定出台吸引社会资金参与生态修复和发展生态修复后续产业的政策，鼓励和支持企业、集体、个人参与生态移民迁出区生态修复项目的投资与后续产业项目的经营管理。结合退耕还林（草）、退牧还草和生态修复工程的实施，以生态修复为前提，充分利用当地资源条件，积极发展生态经济型产业，统筹解决好生态建设和贫困地区农民脱贫问题。在发展生态修复后续产业中，应以生态项目实施为切入点，以产品市场需求和比较优势为导向，大力培育以地方适生经济树种为主的林果产业，以优质牧草、兼用饲料林为主的饲草料产业，以马铃薯、食用菌、中药材为主的特色种植产业，以牛羊舍饲、草原划区轮牧及林草地家禽生态养殖为主的畜牧养殖产业，以马铃薯、牛羊肉、果品、中药材等特色农产品加工和生态旅游为主的二、三产业，积极引进推广先进工艺技术和优质品种，努力培育具有地方特色的生态修复优势产业，不断提高产业化发展及综合效益水平，实现生态移民区生态修复的可持续发展。

银川平原湿地生态系统生态服务功能价值研究

卜晓燕　米文宝

湿地是地球上水陆相互作用形成的独特而又富有生命力的生态系统，具有巨大的生态功能和效益，被誉为“地球之肾”和“物种基因库”。在物质生产、气候调节、固碳释氧、提供水源、休闲娱乐等方面具有其他生态系统不可替代的作用，与森林、海洋一并列入全球三大生态系统。1997 年美国学者 Costanza 等估算全球湿地的服务价值约为 33×10^{12} 美元，是全球 GDP 的 1.8~2.0 倍。从经济学和生态学角度看，湿地具有重要的经济价值和生态功能。银川平原是典型的河流冲击洪积平原，湿地广布，数量众多，类型丰富，湿地总面积约占宁夏湿地总面积的 76.27%。湿地具有水面蒸发量大，容易造成湖水咸化和湖周土壤盐渍化，湖盆地面沉降与黄河水沙淤积相互抵消的独特性质，其最大的特点是与人类的水利活动相辅相成，密不可分。本文参考国内外湿地生态服务价值研究的理论和方法，以典型性、代表性湿地为重点，适当兼顾普适性，选择河流、湖泊、沼泽、人工湿地四类湿地，根据服务功能是否对人类社会产生直接贡献，将湿地生态系统服务划分为中间服务和最终服务，并在景观分类的基础上结合遥感影像对

作者简介　卜晓燕，宁夏职业技术学院讲师，博士；米文宝，宁夏大学资源环境学院院长教授，博士生导师。

银川平原湿地的生态服务功能价值量进行空间表达，为银川平原湿地利用、水环境防治、保护湿地生态资源与管理提供重要的科学依据。

一、研究区概况

银川平原地处我国西北地区东部，位于宁夏回族自治区北部，地理坐标为105°5′E~106°56′E，37°46′N~39°23′N，包括黄河沿岸的银川市六县（市、区）（兴庆区、金凤区、西夏区、永宁县、贺兰县、灵武市）、石嘴山市三县区（大武口区、惠农区、平罗县）以及吴忠市的利通区和青铜峡市共11个县（市、区），面积为7790平方公里，占宁夏国土面积的42.6%。黄河由中部自南向北流经银川平原，沟渠纵横，灌溉便利。地处中温带干旱区大陆性气候区，多年平均气温9.0 ℃，年均降水量180~200毫米。多年平均蒸发值为1825毫米，年平均湿度为55%，年干旱指数7.8~8.0。按照我国湿地类型划分标准，银川平原湿地主要包括河流湿地、湖泊湿地、沼泽湿地、人工湿地四大类别。

二、数据来源与研究方法

采用Erdas10.0对银川平原2014年7月丰水期时段的Landsat-8-OLI假彩色（4、3、2波段）遥感影像图（分辨率都为30米×30米）进行解译，获得各类湿地面积数据，并利用GPS对湿地解译数据进行野外考察验证。生物量数据采用遥感反演和实地测定获得，利用ARCGIS10.0空间分析模块，得到2014年银川平原湿地分布图（见图1）和湿地类型面积分布图（见图2）。气象数据来自宁夏气象数据服务中心。其他的数据来源于已发表的参考文献，各种参数均源于宁夏年鉴、水务局、物价局、2014年野外调查及实验室测定数据。

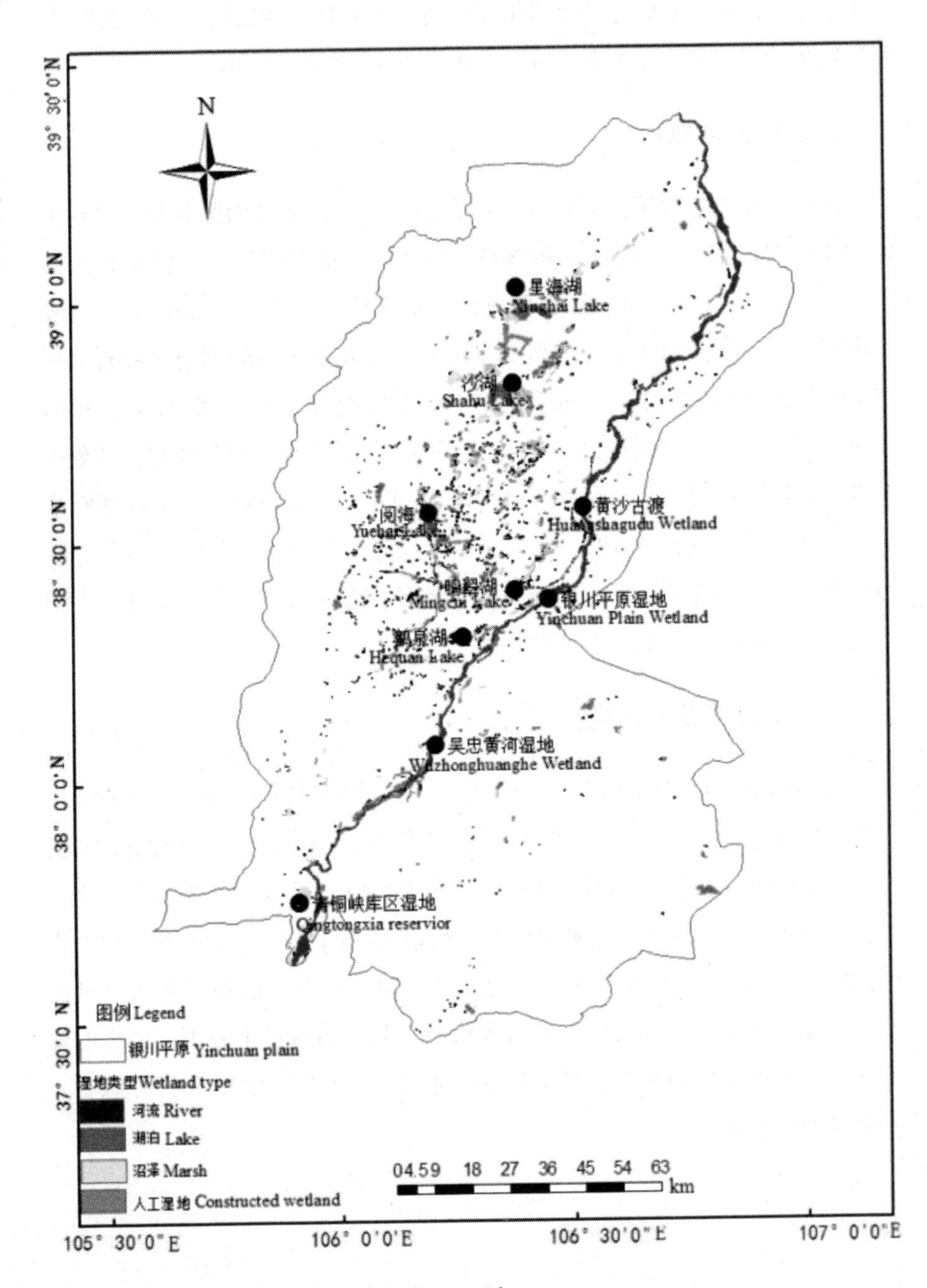

注：人工湿地面积不包括输水河和人工运河。

图 1　银川平原湿地分布图（2014）

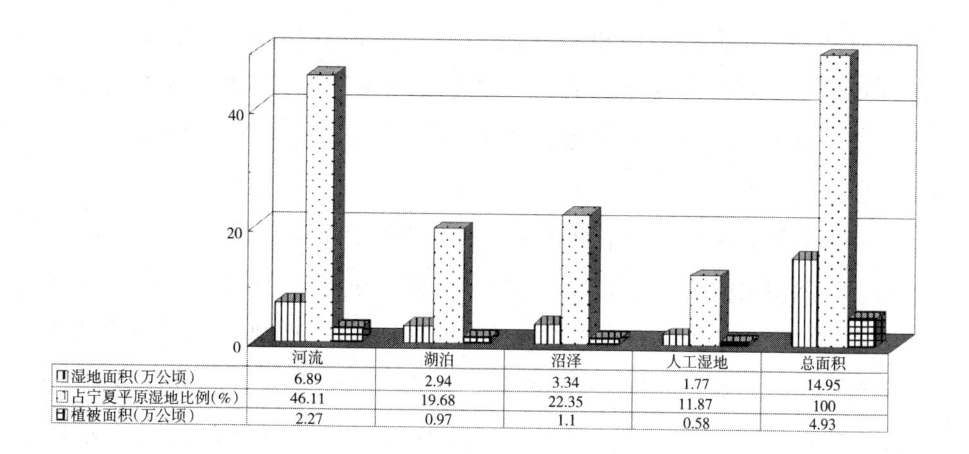

	河流	湖泊	沼泽	人工湿地	总面积
湿地面积(万公顷)	6.89	2.94	3.34	1.77	14.95
占宁夏平原湿地比例(%)	46.11	19.68	22.35	11.87	100
植被面积(万公顷)	2.27	0.97	1.1	0.58	4.93

图 2　银川平原湿地类型面积分布图（2014）

三、银川平原湿地生态服务功能价值评价

根据生态学和生态系统服务功能原理，结合实际调查研究分析，将银川平原湿地生态系统服务功能分为最终服务和中间服务两类，其中最终服务功能包括物质生产、水供给、净化水质、气候调节、固碳释氧、土壤养分保持、文化科研、休闲娱乐八项功能；中间服务价值包括净初级生产力、养分循环、物种栖息地四项功能。 根据生态系统服务功能的不同特点，采用不同方法进行了测算。

（一）最终服务价值评价

1. 物质生产

银川平原湿地的鱼类资源丰富，是宁夏重要的水产养殖地，共有鱼虾类 3 目 5 科 37 种，水产养殖面积 15451.44 公顷，内陆水域水产品总量为 2.96 万吨，其渔业发展在西北地区占有重要位置。湿地植物主要有芦苇、香蒲等。湖泊水面有一半的面积，生长芦苇的面积达三分之二，每年可向社会提供大量的造纸、建筑、编织等材料，芦苇盖度为 57%~75%，香蒲盖度为 30%~40%。采用样方法测得芦苇和香蒲地上生物量平均为 6.64 千克/平方米（干重），湿地植被的年平均产量为 304.36×10^4 吨（干重），芦苇面积达 9998.85 公顷，鱼类资源价值为 2.52×10^8 元，芦苇生产价值为 4.46×10^8 元。2014 年宁夏芦苇评价价格为 10 元/千克，水产品的产量和价格分别为 1915.6 千克/公顷和 15 元/千克（水产品的数据来自《2013 年宁夏统计年鉴》），得出物质生产的总价值为 2.18×10^{8} 元，其中河流为 1.4×10^{8} 元、湖泊为 0.2×10^{8} 元、沼泽为 0.22×10^{8} 元、人工湿地为 0.36×10^{8} 元。

2. 水供给

银川平原的水源主要来自黄河，水供给价值包括提供给农业、工业、生活、生态用水的货币价值。采用影子工程法和市场价值法，水资源蓄积的影子价格代表建设 1 立方米库容投入的平均成本（参照全国水库建设投资额计算）。农业用水年均用水量为 50.58×10^{8} 立方米，成本价格为 1.2 元/立方米；工业用水年均用水量为 1.85×10^{8} 立方米，成本价格为 1.7 元/立方米；生活用水年均用水量为 0.09×10^{8} 立方米，成本价格为 1.9 元/立方米；生态用水年均用水量为 0.96×10^{8} 立方米，成本价格为 1.3 元/立方米。计算得河流湿地供水价值为 65.26×10^{8} 元。

3. 气候调节

通过植物生物量、蒸腾系数及水面蒸发量，计算得银川平原湿地生态系统中水汽蒸发和植被蒸腾的总量。银川平原湿地水汽蒸发主要集中在河流湿地、湖泊湿地及人工湿地蓄水区的自由水面。根据柳春等人的研究得出，黄河流域平均年蒸发量为1714.7 毫米，乘以一个折减系数 0.8 得到天然水体的蒸发量，银川平原湿地水面蒸发能力为 1371.76 毫米。据统计显示（见表 1），研究区内河流湿地、湖泊湿地及人工蓄水区面积为 11.61×10^{4} 公顷，得到年水汽蒸发量为 15.92×10^{8} 立方米。根据苏雨洁的研究，按芦苇和香蒲的全部生物量计算，其蒸腾系数平均为 372，则植被蒸腾量为 11.32×10^{8} 立方米。水汽蒸发量和湿地植被蒸腾总量为 20.41×10^{8} 立方米和 12.18×10^{8} 立方米（见表 1）。单位体积水汽通过蒸腾作用调节气候的价值为 0.02 美元/立方米，参照 2014 年美元兑人民币 1:6.21 的汇率，折合人民币 0.124 元/立方米。综上计算，得出气候调节价值为 19.38×10^{8} 元，其中河流为 7.97×10^{8} 元、湖泊为 4.18×10^{8} 元、沼泽为 4.71×10^{8} 元、人工湿地为 2.52×10^{8} 元。

表 1　银川平原湿地植被蒸腾量和水汽蒸发量

	河流	湖泊	沼泽	人工湿地
水汽蒸发量(10^8 立方米)	9.44	4.03	4.52	2.42
植被蒸腾量(10^8 立方米)	5.62	2.40	2.72	1.45

4. 固碳释氧

湿地植被吸收大气中的二氧化碳并产生氧气，达到调节大气成分的作用。湿地的固碳价值包括湿地植被固碳量和土壤固碳量，采用碳税法计算。碳价格取 43 美元/吨，转化为 2014 年汇率的价格为 267.03 元/吨。根据实际的样方调查和遥感影像面积数据，得出各类型湿地植被固碳量（见表2）。经研究区域 270 个样点土壤物理特性的测定显示，土壤容重的变化在 1.12~1.80 克/立方厘米，平均值取 1.46 克/立方厘米，同时参照不同类型土壤的碳密度，得到湿地土壤总固碳量（见表 3）。

表 2　银川平原湿地植被生物量及固碳量

湿地类型		生物量(克/平方米)		单位面积生物量（克/平方米）	各湿地类型总生物量（10^6 克/年）	总固碳量（吨/年）
		地上生物量	地下生物量			
天然湿地	河流	353	1059	1412	289704.4	144852.21
	沼泽	787	2295	3148	218950.3	109475.16
	湖泊	765	2361	3062	230472.5	115236.23
人工湿地		752	2256	3008	281139.4	140569.71

表 3　银川平原湿地土壤有机碳含量、土壤碳密度和碳储量

	天然湿地			人工湿地
	河流	湖泊	沼泽	
不同土层深度土壤有机碳含量（克/千克）	6.63	8.26	9.44	9.72
土壤碳密度(千克/平方米)	1.73	2.2	1.92	1.81
土壤有机碳含量(克/千克)	9.21	8.9	8.37	7.65
土壤碳储量(吨)	151623.40	50891.46	64139.50	32111.84

释放氧气的生态经济价值。运用工业制氧影子价格法，根据植物光合作用，生态系统每生产 1.00 克干物质能释放 1.19 克氧气。采用国际二氧化碳价格每吨 3 美元计算，则每吨碳的价格为 3×（44/12）=11 美元，美元与

人民币汇率按 1:6.21 计算，参考工业制氧业影子价格 400 元/吨，每年总释氧量为 160.83×10^4 吨/年，每年释氧价值为 9.65×10^8 元。

综上所述，银川平原湿地每年固碳释氧总价值为 34.33×10^8 元，其中河流为 13.66×10^8 元、湖泊为 6.82×10^8 元、沼泽为 7.57×10^8 元、人工湿地为 6.28×10^8 元。

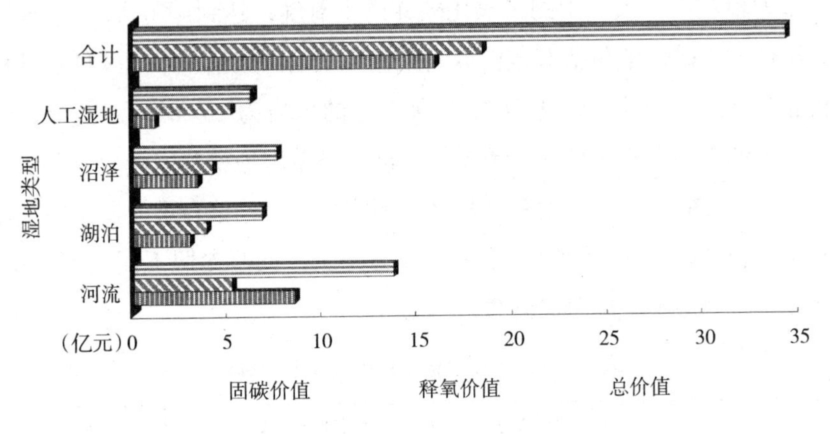

图 3　银川平原湿地固碳释氧价值

5. 净化水质

银川平原湿地的水源主要来自于黄河引水、农田退水、生活污水、工业废水、降水及洪水，水质污染程度及富营养化程度相对较轻。2014 年，银川平原城镇生活污水排放总量为 1.42×10^4 吨，处理量为 0.94×10^8 吨；工业废水排放总量为 1.51×10^8 吨，处理量为 0.30×10^8 吨；排放总量为 2.93×10^8 吨，处理量为 1.24×10^8 吨，其余的 1.69×10^8 吨直接排入湿地中。目前国家污水处理厂二级处理投资成本 0.16~0.34 元/吨的平均值 0.25 元/吨，则每年净化水质的总价值 1.17×10^8 元，其中河流为 0.48×10^8 元、湖泊为 0.25×10^8 元、沼泽为 0.31×10^8 元、人工湿地为 0.13×10^8 元。

6. 土壤养分保持

银川平原湿地河流、湖泊、沼泽、人工湿地总氮（TN）和总磷（TP）的含量分别为：0.55 克/千克、0.36 克/千克；0.99 克/千克、0.47 克/千克；0.91 克/千克、0.40 克/千克；1.55 克/千克、0.56 克/千克。2014 年，我国化肥（折纯量）平均价格为 5011 元/吨。采用替代花费法，得出养分循环功能价值为 27.96×10^8 元，其中河流 9.66×10^8 元、湖泊 6.67×10^8 元、沼泽 6.39×10^8 元、人工湿地 5.24×10^8 元。

7. 文化科研

银川平原湿地作为一种独特的生态系统，对于维持绿洲可持续发展起到了举足轻重的作用，成为环境保护、协调人地关系、促进人与自然和谐共处的极好实验场地，为教学科研和科普提供了活动基地。采用费用支出法估算银川平原湖泊湿地的教学、科研价值，文化科研价值为全球湿地生态系统的文化科研平均价值乘以湖区面积。根据陈仲新和张新时等对我国生态系统效益的价值估算，我国湿地生态系统的科研文化价值为 382 元/公顷，则文化科研价值为 0.57×10^8 元，其中河流为 0.26×10^8 元、湖泊 0.11×10^8 元、沼泽 0.13×10^8 元、人工湿地 0.07×10^8 元。

8. 休闲娱乐

银川平原有 5 个国家湿地公园和 2 个国家湿地自然保护区，具有优美的自然风光和较为完整的湿地植被景观，吸引着大量中外游客。2014 年，银川平原湿地接待游客 916.75×10^4 人次，其中游客人均消费 500 元，旅游时间价值 1056 元/人，其他消费 450 元/人。采用费用支出法，得出湿地的休闲娱乐功能价值为 102.91×10^8 元，其中河流 47.45×10^8 元、湖泊 20.25×10^8 元、沼泽 23×10^8 元、人工湿地 12.22×10^8 元。

（二）中间服务价值

1. 净初级生产力

植被净初级生产力是指单位时间单位面积由光合作用产生的有机物质总量扣除植物自养呼吸后的剩余部分。银川平原湿地具有较高的净初级生产力（见表 4），其净初级生产力包括地上部分和地下根茎部分。地上部分初级生产力每年为 0.6~0.75 千克/平方米，固碳能力每年为 0.27~0.33 千克/平方米。芦苇是禾本科植物，地下根茎部分为多年生，根系发达，繁殖力强，可长达数米，地下部分净初级生产力每年为 0.18~0.6 千克/平方米，地下根茎部分固碳量每年为 0.08~0.26 千克/平方米。因此，银川平原湿地芦苇具有很强的固碳能力，净初级生产力每年为 0.78~1.35 千克/平方米，固碳能力每年为 0.35~0.59 千克/平方米。 NPP 的价值用影子价格法计算，生态系统所固定的碳可转化为相等能量的标煤重量。因此，可由标煤价格间接估算净初级生产力的价值。碳的热值为 0.036 兆焦/克，标煤的热值为 0.02927 兆焦/克，则 1 克碳相当于 1.2 克的标煤。根据宁夏煤炭网 2014 年我国 5000K 原煤的价格约为 750 元/吨，则标准煤的价格为 1050 元/吨。计算得净初级生产力的价值为 6.1×10^8 元，其中河流为 1.73×10^8 元、湖泊 1.38×10^8 元、沼泽 1.31×10^8 元、人工湿地 1.68×10^8 元。

2. 水源涵养

湿地的蓄水功能是其重要的生态服务功能之一，研究区湿地调蓄洪水功能价值包括河流湿地、沼泽湿地、湖泊湿地、人工湿地水源涵养价值之和。银川平原湿地主要是黄河湿地，也是区域其他类型湿地的水源，其面积为 6.89×10^4 公顷。据水文站观测，1950—2010 年平均年径流量为 272.7×10^8 立方米，蓄水平均价格为 0.1 元/立方米，得出水源涵养价值量约为 27.27×10^8 元。沼泽湿地面积 2.94×10^4 公顷，为蓄水提供了良好的环境。根据孟宪民的研究，每 1 公顷沼泽湿地能饱和蓄水 8100 立方米，得出沼泽湿地总蓄水量约为 2.38×10^8 立方米。湿地生态系统蓄水功能与水库的作用非常相似，得出沼泽湿地水源涵养的价值量为 32.8×10^8 元；湖泊湿地面积为 3.34×10^4 公顷，平均水深 1.72 米，蓄水量约为 5.74×10^8 立方米，水源涵养功能价值 13.6×10^8 元；人工湿地面积为 1.77×10^4 公顷，平均水深 1.72 米，蓄水量约为 3.04×10^8 立方米，水源涵养价值为 17.37×10^8 元。综上，水源涵养总价值为 91.04×10^8 元。

3. 养分循环

生态系统中的营养物质通过复杂的食物网而循环再生，并成为全球生物地化循环不可或缺的环节。根据土壤库养分持留法计算湿地的营养循环量，按 1990 年不变价，我国化肥（折纯量）平均价格为 2549 元/吨计算，根据实验测定结果，河流、湖泊、沼泽、人工湿地土壤钾含量分别为 0.0932 克/千克、0.0847 克/千克、0.0901 克/千克、0.0774 克/千克，其养分循环总价值分别为 9.66×10^8 元、6.67×10^8 元、6.39×10^8 元、5.24×10^8 元，养分循环总价值为 27.96×10^8 元。

4. 物种栖息地

银川平原湿地是鱼类和鸟类在宁夏最理想的栖息地之一，为野生生物提供了良好的栖息地和避难所。本研究在计算栖息地功能时采用发展阶段系数法，即用 Pearce 的生长曲线来表现人类社会经济发展和生活水平的不断变化，并根据人们对某种生态功能的实际社会支付和物种价值来估算生态服务价值的方法。银川平原湿地恢复保护投资为 1.2 亿元，占该项功能价值的 49%，得出生物栖息地功能价值为 0.59×10^8 元，其中河流为 0.12×10^8 元、湖泊为 0.27×10^8 元、沼泽为 0.13×10^8 元、人工湿地为 0.07×10^8 元。

四、银川平原湿地生态服务功能价值结果及分析

（一）服务功能价值

银川平原 4 种湿地类型 8 项最终生态服务总价值为 228.22×10^8 元（见表 4），其中休闲娱乐功能价值最大，占总价值的 45.10%。其次为提供水源和湿地固碳释氧价值，所占比例分别为 28.60%和 15.04%，说明银川平原湿地的生态功能主要以上述的 3 项为主，这凸显了湿地在西北干旱半干旱区发挥重要的水源涵养和生态屏障的作用。气候调节、物质生产、土壤保持、净化水质分别占总价值的 8.49%、0.96%、1.06%、0.51%，而文化科研功能价值最小，所占比例为 0.25%。从湿地类型看，湖泊（136.82×10^8 元）>沼泽（36.8×10^8 元）>河流（32.56×10^8 元）>人工湿地（22.04×10^8 元）。将研究区湿地单位面积最终生态服务价值与全国和全球的服务价值进行简单对比（见表 5），结果发现，研究区湿地单位面积生态服务价值低于全国和全球的单位面积服务价值，表明地处西北干旱区的湿地生态系统其生态服务价值总体偏低，这主要是受到干旱环境的影响。在干旱区，湿地植物种类少，生物生产量低，因此其固碳释氧、净化水质、土壤保持、水源涵养等能力相应会下降。同时，地处西北干旱区的湿地生态环境脆弱，自我修复能力差，在受到人类活动影响后，其生态服务价值会进一步下降。但银川平原湿地休闲娱乐价值（银川平原湿地为 6.88×10^4 元，全国湿地为 2.79×10^4 元，全球湿地为 1.28×10^4 元）和固碳释氧价值（银川平原湿地为 2.30×10^4 元，全国湿地为 0.16×10^4 元，全球湿地为 1.73×10^4 元）高于全国和全球

湿地单位面积的价值。

表 4 银川平原湿地生态系统各项服务功能价值统计表

服务项目	湿地服务功能	银川平原						
		湖泊（10^8 元）	河流（10^8 元）	沼泽（10^8 元）	人工湿地（10^8 元）	总价值（10^8 元）	比例（%）	单位面积价值（10^4 元/公顷）
最终服务	物质生产	1.40	0.20	0.22	0.36	2.18	0.96	0.15
	提供水源	65.26	—	—	—	65.26	28.60	4.37
	净化水质	0.48	0.25	0.31	0.13	1.17	0.51	0.08
	气候调节	7.97	4.18	4.71	2.52	19.38	8.49	1.30
	固碳释氧	13.66	6.82	7.57	6.28	34.33	15.04	2.30
	土壤保持	0.34	0.75	0.86	0.46	2.41	1.06	0.16
	文化科研	0.26	0.11	0.13	0.07	0.57	0.25	0.04
	休闲娱乐	47.45	20.25	23.00	12.22	102.92	45.10	6.88
	总价值（10^8 元）	136.82	32.56	36.80	22.04	228.22	100.00	15.27
	单位面积价值（10^4 元/公顷）	19.85	11.07	11.02	12.42	—	—	—
中间服务	水源涵养	27.27	32.80	13.60	17.37	91.04	72.43	6.09
	净初级生产力	1.73	1.38	1.31	1.68	6.10	4.85	0.41
	养分循环	9.66	6.67	6.39	5.24	27.96	22.25	1.87
	物种栖息地	0.12	0.27	0.13	0.07	0.59	0.47	0.04
	总价值（10^8 元）	38.78	41.12	21.43	24.36	125.69	100.00	8.41

表 5 湿地生态系统服务功能价值对比

区域	面积（10^6 公顷）	湿地生态系统服务价值（10^8 元）	湿地单位面积生态服务价值（10^4 元 /公顷）(2014 年）
全球	530	54539.91	20.50
中国	42.50	92804.41	33.32
西北地区	0.094	37.39	5.08
银川平原	0.15	228.22	20.11

银川平原湿地单位面积的生态功能价值高于西北内陆干旱区（5.08×10^4 元），这主要因为银川平原湿地是以黄河干流两侧为主的黄河湿地，湿地景观类型多样，其形成、演替、消长与黄河有密切关系，相比新疆及河西地区的季节性河流，黄河水量变化相对较小，同时能够持续提供水源。因此

银川平原湿地较为稳定，能够提供较高的生态服务价值。

湿地与草地、森林是地球最重要的生态系统，发挥着重要的生态效益并有着巨大的价值量。在全球和中国的各种生态系统类型中，湿地单位面积的生态服务价值都大于整体生态系统的平均价值。银川平原湿地生态系统服务价值是草地生态系统的4.95倍，是森林生态系统的5.36倍，在三种主要生态系统中服务价值最高，因此在生态环境保护和建设规划中应更加注重保护湿地。

中间生态服务价值为125.6×10^8元，此值即为通过分类避免重复计算的价值。其中水源涵养服务价值为最大，占中间服务价值的72.43%，其次为养分循环价值和净初级生产力，分别占中间服务价值的22.25%和4.85%，生物栖息地价值最低，占中间服务价值的0.47%。从湿地类型看，湖泊（38.78×10^8元）> 河流（41.12×10^8元）> 人工湿地（24.36×10^8元）> 沼泽（21.43×10^8元）。

银川平原湿地不同的中间服务价值通过不同的最终服务来体现。净初级生产力价值主要通过物质生产、大气调节、固碳释氧等服务来体现，水源涵养的价值主要通过气候调节、休闲娱乐等服务来体现，营养循环价值主要通过水质净化、固碳释氧、科研教育等服务来体现，物种栖息地价值主要通过物质生产、休闲娱乐等服务来体现。银川平原湿地的中间服务价值小于最终服务价值，说明中间服务的价值可能有极大一部分通过最终服务为人类效益做出贡献。

（二）各湿地类型价值量

由表4可以看出，湖泊湿地单位面积价值量最高为19.85万元/公顷，沼泽湿地单位面积价值量最低为11.02万元/公顷，主要因为银川平原湿地位于黄河流域的河套平原旱区，黄河是银川平原生产生活及生态用水的主要来源。自然湿地生态服务价值量206.18×10^8元，其面积占湿地总面积的88.34%，生态服务价值量占总价值的90.34%，人工湿地总价值为22.04×10^8元，占总价值量的9.66%，但其单位面积的价值量较高，仅次于河流湿地。从各湿地类型最终服务功能看，河流湿地提供水源的价值最高，其次为休闲娱乐价值，文化科研价值最低。湖泊湿地、沼泽和人工湿地休闲娱乐价值最高，远高于全世界河湖生态系统（12077 元/公顷）和全国湿地生态系统的休闲娱乐价值（4911 元/公顷）。主要因为银川平原湿地有独具特色的干旱半干旱湿地景观，如波光荡漾、芦苇丛生的湖泊，防洪泄洪、人工建造的水库，沙漠与湖泊共存的奇特塞外景观，特别是“黄河水上游”“山湖生态游”“干旱区水鸟观光游”等具有垄断性的旅游精品，给人们提供了自然河流、湖泊风光的美学体验和感官享受。

（三）湿地价值量空间分布

由图 4 可以看出，银川平原不同市县区湿地生态服务功能价值空间差异很大，其空间分布趋势整体上东北和西南地区较高，东南部较低。平罗县湿地服务功能总价值量最高，其河流、湖泊、沼泽湿地服务功能价值量均高于其他各县（市、区），主要因为平罗县湿地面积大，湿地植被覆盖度较高。同时由于地处平罗县的沙湖国家湿地公园兼具了湖泊、沼泽和人工湿地的文化休闲娱乐功能、供给功能、调节功能和支持功能，呈现价值量的最大值。人工湿地（库塘和水产品养殖场）服务功能价值量最高的是贺兰县，主要因为贺兰县人工湿地水产品养殖场面积较大，自然条件优越，水、光、热及饵料生物均适于鱼类生长和繁殖。近年来，贺兰县实施了“渔业资源开发与养护，产业支撑保障，水产品加工拓展，水产品质量保障”等四大工程，使渔业的物质生产、生态保护、观光休闲、文化传承等功能得到了不同程度的发挥。银川市的西夏区和金凤区四类湿地的价值量均较低，一方面因为该区湿地的面积较小，另一方面因为人类活动（主要是工农业生产活动、渔业养殖、大规模的城市建设）对湿地进行负向干扰，损害了湿地原有的功能，降低了湿地生态系统的效益。值得关注的是，该地区的湿地生态系统面临着人类开发利用过量的风险，在今后的发展中应加强生态系统的保护和管理，合理开发利用湿地资源，促进生态系统可持续发展。

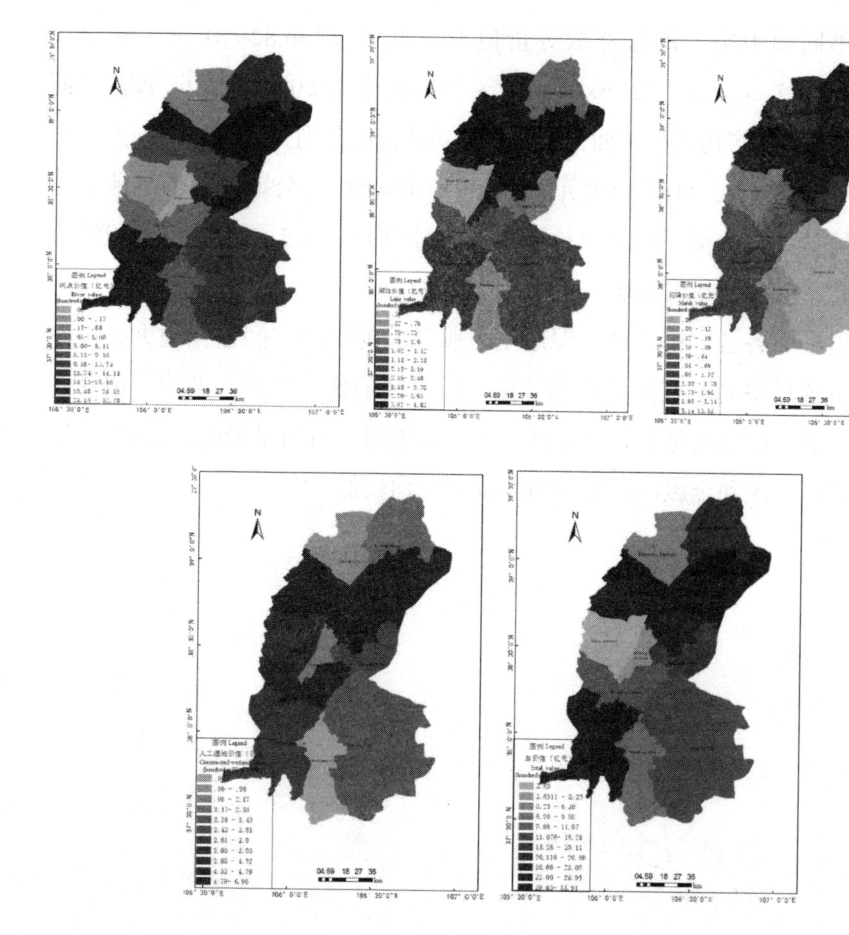

图 4　银川平原各湿地类型生态服务功能价值空间分布图

五、结论

2014 年，银川平原湿地最终生态服务功能总价值约为 228.22×10^8 元，单位面积生态服务功能价值约为 15.27×10^4 元/公顷，低于全球和全国湿地的平均水平，但高于西北内陆干旱区的平均水平。

银川平原湿地 8 项服务功能按其服务价值从大到小排序依次为：休闲娱乐>提供水源>固碳释氧>气候调节>土壤保持>物质生产>净化水质>文化科研。河流提供水源的价值最高，其次为休闲娱乐价值，文化科研价值最低；湖泊湿地、沼泽和人工湿地的休闲娱乐价值最高，其次为固碳释氧价值，文化科研价值最低。

从不同湿地类型的最终服务价值看，湖泊（136.82×10^8 元）> 沼泽（36.80×10^8 元）> 河流（32.56×10^8 元）> 人工湿地（22.04×10^8 元）。湖泊、河流、沼泽和人工湿地的单位面积生态服务功能价值分别为 19.85×10^4 元/公顷、11.07×10^4 元/公顷、11.02×10^4 元/公顷和 12.42×10^4 元/公顷。湖泊湿地单位面积价值量最高，沼泽湿地单位面积价值量最低，人工湿地单位面积的价值量较高，仅次于湖泊湿地。

银川平原各县（市、区）湿地生态服务功能价值空间差异很大，平罗县湿地价值量最高，其次是青铜峡市，西夏区最低。河流、湖泊、沼泽湿地服务功能价值量均是平罗县最高，人工湿地服务价值量最高的是贺兰县，银川市的西夏区和金凤区四类湿地的价值量均较低。

适应气候变化与大柳树水利枢纽工程研究

樊建民　杨桂琴　王　旭

地处宁夏、甘肃交界处的黄河黑山峡河段是黄河上游最后一个可以修建高坝大库的峡谷河段，是黄河治理开发与保护的珍贵资源。规划大柳树水利枢纽工程位于黑山峡出口以上 2 公里位置，坝址控制流域面积 25.2 万平方公里，占其流域总面积的 1/3；多年平均径流量为 331 亿立方米，占黄河水量的 62%；多年平均输沙量 1.14 亿吨。工程功能定位和开发任务是以维护黄河生命生态安全为主，兼顾供水、生态灌溉、发电及全河水资源合理配置等综合利用。

大柳树水利枢纽工程地处黄河上游梯级末端，宁蒙河段首部，在黄河治理开发中具有承上启下的战略地位，是《黄河治理开发规划纲要》确定的黄河干流七大骨干工程之一，也是七大骨干工程中三座最为关键、目前唯一尚未开工建设的水利枢纽工程。建设这项工程对保证黄河安澜，实现区域经济社会可持续发展，促进国家生态安全、能源安全和粮食安全意义重大。特别在全球气候变化日益影响陆地生态系统结构功能，进而威胁人类生存和发展的情况下，如何妥善应对气候变化，已成为事关全球经济社会可持续发展的重大问题，也是当今国际社会面临的热点和难点问题。

作者简介　樊建民，宁夏发改委经济研究中心主任，研究员；杨桂琴，宁夏发改委经济研究中心副主任，副研究员；王旭，宁夏发改委经济研究中心，副研究员。

经初步研究，加快黄河黑山峡大柳树水利枢纽工程建设，除了对国家和区域发展具有重要的作用外，对适应气候变化也具有不可低估的重要作用，主要体现在以下五个方面。

一、改变下垫面，显现“绿洲效应”

所谓下垫面，是指大气下层直接接触的地球表面，是影响气候的重要因素之一，位于大气层底部，在发生热量和水分交换的过程中能与大气层发生相互影响。例如，草面、水面、冰面、林冠面等也属下垫面。在同样的地形上，地面植被的有无、植被的种类不同对局地小气候和区域气候的形成有着极为重要的作用。在昼夜温差大、空气干燥、雨量稀少的干旱区域，绿化和造林不易成活，则必须通过灌溉来改善气候。灌溉不仅能湿润土壤，它还可以使土壤的热容量和地面蒸发量显著增大，使土壤吸收热量和蒸发吸收的潜热都增加，蒸发到大气中的水汽增多，这样就可以平缓土壤温度和近地层温度的昼夜温差，并湿润空气，从而发挥缓和干旱气候的作用，形成局地类似于沙漠中的绿洲气候。因此，学界把这种作用称为“绿洲效应”，世界各国十分重视这种作用的发挥，加强灌溉工程，提倡绿化。据高国栋等编著的《气候学》记载，1930 年以来，美国在俄克拉荷马、堪萨斯、科罗拉多、内布拉斯加的 62 公里×10 公里土地上进行灌溉，引起初夏降水量增加 10%左右。在乌兹别克斯坦灌溉条件良好的帕卡塔—阿拉尔绿洲和周围半沙漠地区的温度、湿度进行比较，得出的结果是：绿洲上平均土壤表面温度比半沙漠地区低 13℃~15℃，日平均温度低 3℃~5℃，而相对湿度要高 25%以上，绿洲的影响随高度增加而迅速减少，但在 200 米上空仍能分辨出绿洲的影响。

大柳树水利枢纽工程涉及的区域属于我国西北地区对气候变化特别敏感的生态脆弱带，在工程建设前后，下垫面状况会截然不同。工程开发前，地带性植被为荒漠草原，以稀疏低矮的旱生、超旱生植物为主，植被覆盖度仅 10%~30%，草场退化、土地荒漠化严重，其自然原因是下垫面的地表物质疏松，植被稀疏。区域气候干旱、大风、沙尘暴等自然灾害频发。工程建成后，由于可利用水资源的供给，将原来的草地生态系统或旱作农业生态系统，通过产业结构调整，使其逐步转变为绿洲生态系统。除原有的绿洲外，区域内将形成110万公顷的新绿洲，使原有的荒漠化土地逆转为绿洲。新增水浇地110万公顷、林地267.7万公顷，形成水库水面2.9万公顷，保护修复荒漠草原2333万公顷，使区域内植被盖度提高20%左右。尤其是随着人工水文网络、人工植被的增加，可显著地改善区域气候。据北京大学、南开大学环境科学与工程学院提供的《大柳树生态灌区建设生态建设保护效益报告》表明，绿洲的农田防护林网内年平均气温增加0.6℃，最低平均气温增加0.4℃，平均地面温度增加0.3℃，平均风速减弱0.6米/秒，蒸发量减少239.8毫米。另据国家林业局西北林勘院《黄河中上游生态建设现状及保护措施研究报告》测算，区域内森林年水源涵养效益为560.4元/公顷，由此推算，大柳树工程建成后，可实现森林水源涵养效益15亿元，其“绿洲效应”显而易见。

二、建设灌溉体系，显现“湖泊效应”

大柳树水利枢纽工程是一项“功在当代，利在千秋”的水利枢纽工程。工程建成后，对气候产生的影响如同天然湖泊对气候的影响一样，故称之为“湖泊效应”。根据气候理论，由于水库水体巨大热容量所产生的对热量的调节作用，使得水库附近的气温日较差和年较差均变小，而平均气温则比建库前升高。据张家诚等编著的《气候变迁及其原因》提供的研究表明，一个32平方公里水面的水库，库区平均气温可上升0.7℃。同时，由于下垫面从粗糙的陆面变为光滑的水面，摩擦力显著减小，因此库区的风速比建库前增大。此外，由于库区水与陆面之间的热力差异，使得库区沿岸形成一种昼夜交替、风向相反的地方性风，即“湖陆风”。白天，风从水面吹向岸上；夜间，风从岸上吹向水面，有利于区域风向的交流。同时，水库对于降水和云量也有影响，在水库上空由于空气稳定，年降水量和云量相对减少，而在大型水库的下风方，因从水面输来湿润空气，降水和云量可能增加。据我国对新安江水库（即千岛湖）建成后的气候效应研究，1960年水库建成后，附近的淳安县夏天不如过去热，冬天不像过去冷，初霜日推迟，终霜日提前，无霜期平均延长20天左右。新安江水库对降水的影响主要使夏季和全年降水量减少，但在冬季略有增加。在库区附近，年降水量大约减少 100 毫米，在水库中心则可能减少 150 毫米。水库对降水影响的范围主要在水库附近十几公里范围内，离水库稍远的地势较高的地方，水库建成后降水反而增加，个别地方年降水量可增加 100 毫米，甚至到 200 毫米以上。

大柳树水利枢纽工程建成后，将新增 2.9 万公顷水库水面和由此形成的灌溉渠系、水库淹没区以及灌溉后低洼地浅滩组成的小型水库和湿地，将构成一个人工水文网络化的湿地生态系统。无疑，这些生态湿地系统会给宁夏中部干旱带及周边三大沙漠带来湿润的气候，并逐步减缓和逆转甘肃民勤的沙漠化。

三、提高光能利用效率，形成“增产效应”

据周永祥、周促显等于 1986 年出版的《宁夏气候与农业》一书显示，太阳把 17 万亿千瓦的能量不断以光的形式输送给地球，成为地球上植物最基本的能量源泉。已查明植物的生物学产量有 90%~95%来自光合作用，只有 5%~10%来自土壤养分。因此，农作物产量的高低，最终取决于单位面积上获取的太阳辐射通过二氧化碳、水，借助叶绿素转化为化学潜能的数量。

大柳树水利枢纽工程覆盖的生态灌区，日照时数多，太阳辐射强，光能资源十分丰富。工程建成后，不仅扩展了种植结构，对于发展农业生产、增加农作物产量具有十分重要的意义。据研究，农作物可以通过以下两种途径提高光能利用率：一是通过改变农作物种植制度和种植方式，主要包括改变不同作物的间作、套种和复种，使其充分利用作物生长季节，通过吸收光能，增加物质产出。二是通过培育高光效农作物品种，选育光合作用能力强、呼吸消耗低、叶面积适当、株型与叶型合理、种植高密度的不倒伏品种，也能提高光能利用率。20 世纪 80 年代，宁夏气象工作者计算出了宁夏各地区光能利用率和光能生产潜力。当时，引黄灌区小麦、水稻亩产 300~400 公斤，南部山区小麦亩产 50~100 公斤，其经济产量光能利用率均在 0.39%以下，生物产量光能利用率在 1.11%以下。而世界高产地区的光能利用率可达 5%，我国中南、华南地区光能利用率达 2.5%，远高于宁夏。由此可以看出，宁夏的光能利用率低，增产潜力大。而水是植物光合作用的原料，又是植物进行一切生命活动的必需条件，适时、适量灌水，保证水（肥）供应，是提高光合生产效率最主要和最有效的途径之一。大柳树水利枢纽工程形成的新灌区，在水分条件得到满足的条件下，光、热、水、气有效结合，将最大限度地利用光能，提高光合生产效率。如光能利用率提高到1%~1.5%，水稻和小麦每亩增产达100~200公斤。按照大柳树水利枢纽工程规划，若光能利用率提高到1%，这一区域小麦平均亩产将由现在的350公斤提高到500公斤，小麦总产由38.15万吨增加到54.5万吨。

四、提高固碳释氧能力，形成“碳汇效应”

在自然状态下，森林、林地、牧草地和农田均有固碳作用。碳汇是指从空气中清除二氧化碳过程的活动机制。这里重点是指森林参与大气中的碳循环，包括植被、腐殖质、森林土壤以及林产品的碳储存与释放。森林生物量碳汇主要表现为林木或森林生态系统通过光合作用吸收大气中的二氧化碳，并将之转化为有机碳的形式储存在植物体内。森林的固碳供氧功能有助于环境稳定、减少水土流失、增加区域降雨等，从而在全球气候变化中发挥重要作用。据2012年《宁夏应对全球气候变化战略研究》表明，林木每生长1立方米蓄积量，大约可吸收1.83吨二氧化碳，释放1.62吨氧气。经测算，按每平方公里森林每年固碳供氧效益795.8元计，大柳树水利枢纽工程建成后，每年可实现森林固碳供氧效益21.3亿元。根据张颖2004年出版的《绿色GDP核算的理论与方法》一书推算，工程建成后，在该区域新增森林面积267.6万公顷的情况下，以林木年生长量4.3%~6%，5年成材，每平方公里蓄积量60立方米计，该工程形成的森林碳汇量为29382.5万吨，释放氧气26010.7万吨，增加森林生态服务功能效益达709.6亿元。

此外，根据大柳树水利枢纽工程提出的电力发展规划，年均发电量可达74.2亿千瓦·时，加上上游各梯级电站增加电量，合计新增水电发电量109亿千瓦·时，仅此每年可减少煤炭消费223万吨标煤，折合原煤312万吨，由此减少二氧化碳排放量545万吨，减少二氧化硫排放量1.64万吨，减少氧氮化物排放量 1.64 万吨，减少烟尘排放量 0.30 万吨，这些都将为应对气候变化做出积极的贡献。

五、参与大气环流，减少沙尘雾霾影响

科学研究表明，黄河黑山峡大柳树水利枢纽工程所在的区域，正好是欧亚气候交汇的节点，且南北纵贯宁夏境内的贺兰山也是我国季风气候和非季风气候的分界线。这里的每一气候变化，将有可能产生如美国气象学家洛伦兹所说的“蝴蝶效应”。这一原理表明，蝴蝶翅膀的运动，导致其身边的空气系统发生变化，并引起微弱气流的产生，而微弱气流的产生又会引起它四周空气或其他系统产生相应的变化，由此引起连锁反应，最终导致其他系统的极大变化。

近年来，特别是 2013 年初，中国中东部地区相继出现大范围雾霾天气，受到影响的省区达 30 个之多。素有“塞上江南”和新天府美称的宁夏同样不能幸免。大气污染触动着每个中国人的神经，环境治理已到了刻不容缓的地步。于是，一些地区把天蓝、地绿、水净和空气清新的优良环境作为亮丽的名片。另据美国阿拉斯加州媒体 2014 年 5 月 3 日报道，“美国国家气象局指出，由于中国的大气污染，阿拉斯加州最大城市安克雷奇的空气质量就像洛杉矶一样糟糕。中国工厂烟囱排放的煤烟带有很多沉降物，这些沉降物在空气中上升到高层大气，之后在北太平洋上空漂浮，最后下沉到安克雷奇和库克海湾地区的空气中”。我们不论美国气象局的研究是否科学正确，但中国的环境污染、雾霾、沙尘暴趋重和世界各国频繁出现的极端气象事件大家有目共睹，气候变化已不再是哪个国家和地区的问题，而是一个带有全球性的问题。在全世界每年因气候变化致贫致病的案例比比皆是，气候变化没有国界。

建设在西北干旱地区的大柳树水利枢纽工程，由于其对气候变化的敏感，有可能产生“蝴蝶效应”，我们应该给予高度关注。目前，正值大柳树水利枢纽工程建设决策关键期，我们必须登高望远，以大局为重，牢固树立责任、担当和使命意识，决不能因局部利益影响整体利益，因地方利益影响国家利益。这些年来，通过不断深入研究大柳树水利枢纽工程在国家

的战略地位和对区域发展的作用表明，大柳树水利枢纽工程产生的正效应远远大于负效应。由于对气候变化的研究才刚刚开始，还有大量的工作要做，也有待于通过科学研究证明大柳树水利枢纽工程覆盖区产生的气候变化，在明显减少区域雾霾、沙尘暴影响的同时，对“三北”地区气候质量改善及人类适应气候变化带来积极的作用。

宁夏空气质量状况研究

王林伶

一、2014年空气质量状况回顾

2014年，宁夏各级环保部门以“优美环境是宁夏最大的优势”为名片，大力实施生态优先发展战略，全力推进“三项环保行动计划”的落实，积极推动“美丽宁夏”建设，圆满完成了各项目标任务。按照《环境空气质量标准》（GB3095—2012）评价，2014年，宁夏5个地级市达标天数（优良天数）比例范围为63.0%~87.2%，平均达标天数比例为76.6%，其中良好天数72.2%、优等天数4.40%（见图1）。在超标天数中以PM10和PM2.5为首的污染物天数分别占41.3%、40.3%；以臭氧为首的污染物的天数占12.3%；以二氧化硫为首的污染物的天数占5.7%。

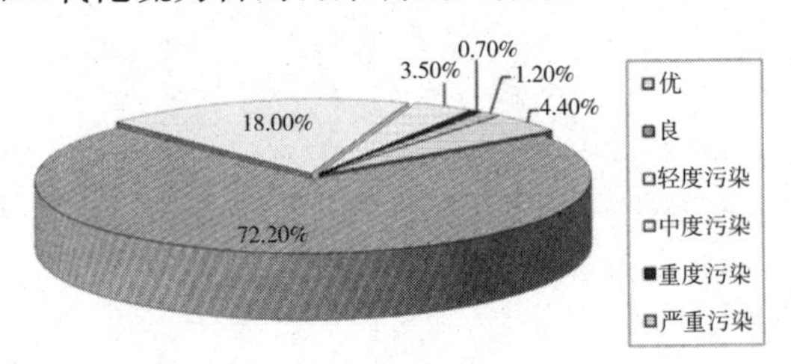

图1　2014年宁夏空气质量级别情况

作者简介　王林伶，宁夏社会科学院综合经济研究所助理研究员。

2014 年，宁夏全区共出现沙尘天气 6 次，其中浮尘 4 次、扬沙 2 次。与 2013 年相比，沙尘天气减少了 2 次，频次和污染强度明显减弱。相比 2013 年，银川市达标天数增加了 23 天，达标天数比例提高 6.3 个百分点，空气质量有所改善（见表 1）。

表 1　2014 年宁夏环境空气质量天数状况

城 市	监测天数（天）	优良天数（天）	优良天数（比例）	优等天数（一级）	良好天数（二级）
银川市	365	274	75.1%	11	263
石嘴山市	365	230	63.0%	8	222
吴忠市	365	288	78.9%	23	265
固原市	343	299	87.2%	24	275
中卫市	363	289	79.6%	13	276

说明：环境空气质量自动监测项目包括二氧化硫（SO_2）、二氧化氮（NO_2）、颗粒物（PM10）、颗粒物（PM2.5）、一氧化碳（CO）、臭氧（O_3）。

二、2015 年宁夏空气治理与“环境空气质量综合指数”排名

（一）银川市空气治理与“蓝天工程方案”

银川市为打造“碧水蓝天、明媚银川”生态宜居品牌，根据国务院《关于印发大气污染防治行动计划的通知》（国发〔2013〕37 号）和《自治区人民政府关于印发宁夏回族自治区大气污染防治行动计划（2013 年—2017 年）的通知》（宁政发〔2014〕14 号）要求，结合银川市颗粒物源解析研究结果，制定了《2015 年度蓝天工程实施方案》。一是要求空气质量优良天数达到 274 天左右，可吸入颗粒物（PM10）、二氧化硫（SO_2）年均浓度下降 5%左右，细颗粒物（PM2.5）、二氧化氮（NO_2）年均浓度保持稳定。二是二氧化硫、氮氧化物、烟粉尘排放总量分别控制在 6.65 万吨、9.17 万吨、2.5 万吨，与 2014 年相比，分别削减 5.5%、5%和 7.1%。三是城市扬尘防控治理，在所有工地全部严格落实施工工地周边围挡、物料堆放覆盖、出入车辆冲洗、施工现场地面硬化、沙石渣土车辆遮盖等 5 项规范化防尘措施实现 5 个 100%。四是提高道路保洁水平，提高道路机械化保洁水平，银川市主次干道机械清扫率达到 70%以上。全面推行“一洗两扫

五洒水"作业模式，对道路每日实施一次彻底清洗、两次打扫和五次洒水作业，保证道路清洁。五是燃煤污染治理，实施供热规划，推进工业、产业园区集中供热供汽，新建工业园区必须配套建设统一的供热、供蒸汽管网，实施"一区一热源"，不得新建20吨以下燃煤小锅炉，全市范围内不得再审批新建企业自备电厂。三区拆除燃煤锅炉40台，力争拆除市区范围内的所有茶浴炉。两县一市拆除燃煤锅（茶）炉50台，实施33家供热单位燃煤锅炉脱硫除尘升级改造。六是工业废气治理，完成二氧化硫治理项目16个、烟粉尘治理项目28个。七是机动车尾气治理，基本淘汰2005年以前注册营运的黄标车。

（二）石嘴山市空气治理与"三年行动计划"

2015年是石嘴山市启动实施大气污染防治"三年行动计划"的第一年，列出了涉及燃煤工业锅炉淘汰、工业二氧化硫和氮氧化物及烟粉尘治理、落后产能淘汰、煤炭清洁利用、重点行业清洁生产、能力建设等八大类重点工程项目。2015年，石嘴山市对现有的8台30万千瓦以上燃煤发电机组进行了脱硝、脱硫设施扩容改造。目前已拆除淘汰164台燃煤茶浴炉，为近300家已建设封闭式储煤仓的企业寻求并采用最新的煤粉尘污染治理技术——喷雾降尘技术，解决企业在封闭式储煤仓内加工煤炭煤粉尘污染问题。在城市扬尘污染治理上要求施工现场设置全封闭围挡墙，严禁敞开式作业，施工现场道路必须进行硬化；对城市区街路、城市周边主干道路和工业园区道路推广机械化清扫等低尘作业方式，控制道路扬尘。启动星海湖黑臭水体综合治理工程，加快经济开发区和精细化工基地污水处理厂建设，完成三二支沟人工湿地综合治理项目建设。加快推进3个工业固废集中处置场建设，力争年底前建成投入运行等空气环境治理工作。

（三）吴忠市空气治理与"环境保护三项行动计划"

吴忠市实施了"环境保护三项行动计划"，即《吴忠市环境保护行动计划》《吴忠市大气污染防治行动计划》《宁东基地（太阳山地区）环境保护行动计划》，要求四项主要污染物减排目标为：COD总排放量73400吨，较2014年削减6397.38吨；NH3-N总排放量3300吨，较2014年削减416.8吨；SO_2总排放量56900吨，较2014年削减6847.13吨；NO_2总排放量50200万吨，较2014年削减29859.61吨。可吸入颗粒物（PM10）年均浓度比2014年下降20%；全年空气质量优良天数好于去年；农村生活环境综合整治实现行政村全覆盖；危险废物安全处置率100%，不发生特大、重大环境污染事件。

大气污染防治方面。一是建成华能宁夏大坝发电公司等7项脱硫脱硝工程。二是推进吴忠热电厂建设，实施市区一污、三污中水输送管道工程和市区配套供热管网改造工程。三是完成自治区下达的燃煤小锅炉淘汰任务。四是对火电、水泥企业除尘设施进行升级改造，确保稳定达标并进行在线监控，城市建成区工业堆场90%以上达到《防治城市扬尘污染技术规范》要求。五是对工业挥发性有机物治理和储油库、加油站、油罐车油气回收治理，重点行业挥发性有机物治理项目完成率达到50%。六是加强扬尘治理，建筑工地扬尘污染控制合格率达到80%，城市建成区道路机械化清扫率达到85%。七是完成自治区下达的黄标车和老旧机动车淘汰任务。

（四）固原市空气治理与工作任务

固原市环保局开展了环境保护大检查工作，先后对固原市经济开发区、轻工业园区、圆德慈善工业园、盐化工工业园、原州区清水河工业园区及原州区各乡镇重点企业进行全面排查和核查，目前固原市环境监察支队共出动执法人员300余人次，核查各类污染源76家，对存在环境污染问题的相关企业（单位）进行了约谈，发出责令改正违法行为决定书51份，行政处罚2家。2015年1—9月，固原市环境空气质量总体状况好于同期，首要污染物为可吸入颗粒物PM10，二级及好于二级的天数较同期有所增加；按照《环境空气质量标准》（GB3095—2012）值评价，主要污染物SO_2、PM2.5、CO及O_3呈下降趋势，而NO_2、PM10呈上升态势。

（五）中卫市空气治理与环境治理

中卫市坚持问题导向，“突出一个全面”，对全市所有工业企业全面开展一次环境和安全隐患大排查、大整治。“盯住一个重点”，自治区环保厅挂牌督办的、媒体曝光指出的、调研组调研发现的，以及所有涉及污染的企业、蒸发池、氧化塘和工业园区公共环保基础设施等突出问题。“扭住四个一律”，对2014年下半年以来未经环评、未批先建的一律依法恢复原貌；对企业违法违规造成环境污染的一律依法查处；对排查发现的问题隐患逐一建立台账，制订方案，一律盯住整改到位；对市委、市政府决策部署落实不力、工作失职渎职的公职人员一律实行责任追究。建立了“8+2+1”系统治理机制，即建立政府领导责任体系、产业规划体系、企业主体责任体系、部门监管体系、人大依法监督和政协民主监督体系、工业园区协同体系、第三方环保技术支持体系、媒体和社会舆论监督体系以及责任倒查机制、生态环境损害终身追究制和社会公众（包括媒体）的环境污染举报奖励办法等严厉的措施治理中卫市的环境保护工作。同时，通过重点管控沙坡头区和两县建成区及工业园区，重点管控对象为扬尘、燃煤和枯枝落叶及垃圾焚烧、工业、机动车尾气四大类污染源。在建成区每周五组织开展全民大扫除，全面清洗公共设施、交通护栏等，对城乡结合部、背街小巷、城中村等区域生活垃圾进行清除拉运，对辖区内的楼宇进行立面清洗和楼顶保洁；整顿煤炭专营市场，严把原煤质量关，对生产劣质型煤的企业采取重罚、查扣生产设施等措施；开展小型工业企业集中整治，对违反国家产业政策、生产工艺落后、环境污染严重的“十五小，新五小”企业以及证照不全、非法生产的小作坊以及地下加工企业进行拉网式排查、取缔与淘汰；开展10蒸吨以下燃煤锅炉排查及取缔改造；开展餐饮业污染综合整治；制定应急响应机制，遇大气重污染天气等需启动应急预案时，根据预警等级，对部分企业及生产设施实行限产限排措施，确保中卫市沙坡头区城市环境空气质量二级及二级以上优良天数达到292天以上（占总监测天数的80%以上）。

宁夏五市在环境空气治理上积极作为，采取各样措施来降低污染物排放，确保实现年度目标任务，通过积极治理收到了良好的成效（见表2）。

表2 2015年1—10月宁夏五市“环境空气质量综合指数”与排名

月 份	指 标	银川市	石嘴山市	吴忠市	固原市	中卫市
1	综合指数	10.85	9.05	6.58	5.04	7.22
	优良天数	8	12	25	26	
	综合排名	5	4	2	1	3

续表

月 份	指 标	银川市	石嘴山市	吴忠市	固原市	中卫市
2	综合指数	6.93	7.26	5.00	4.83	5.78
	优良天数	18	15	18	21	14
	综合排名	4	5	2	1	3
3	综合指数	6.55	6.23	4.39	4.87	5.62
	优良天数	21	20	17	21	
	综合排名	5	4	1	2	3
4	综合指数	5.02	5.32	3.57	4.86	4.79
	优良天数	25	23	25	22	23
	综合排名	4	5	1	3	2
5	综合指数	4.72	5.45	3.39	3.84	4.74
	优良天数	25	19	25	28	24
	综合排名	3	5	1	2	4
6	综合指数	4.79	4.89	3.26	3.41	4.61
	优良天数	22	17	28	27	21
	综合排名	4	5	1	2	3
7	综合指数	5.48	4.58	4.25	3.56	3.79
	优良天数	22	18	23	30	27
	综合排名	5	4	3	1	2
8	综合指数	4.64	4.27	4.14	3.37	3.80
	优良天数	29	27	23	29	27
	综合排名	5	4	3	1	2
9	综合指数	3.73	4.15	3.39	2.74	3.44
	优良天数	30	27	30	30	28
	综合排名	4	5	2	1	3
10	综合指数	4.53	5.95	5.52	4.05	4.78
	优良天数	30	22	22	30	27
	综合排名	2	5	4	1	3

说明：①环境空气质量自动监测项目有二氧化硫（SO_2）、二氧化氮（NO_2）、颗粒物(PM10)、颗粒物（PM2.5）、一氧化碳（CO）、臭氧（O_3）。②环境空气质量状况排名采用环境空气质量综合指数和可吸入颗粒物月均浓度两种方法，环境空气质量综合指数越小，可吸入颗粒物月均浓度值越低表示环境空气质量越好。

三、宁夏环境空气质量面临的严峻挑战

“十二五”末，宁夏将处于工业化和城市化快速发展阶段，经济结构调整和经济发展方式的根本转变还需要较长时间，环境问题日趋复杂，环境形势不容乐观。

（一）污染物减排面临巨大压力

“十二五”末，宁夏的GDP将保持在7%~8%的增长率，要高于全国且要走在西部的前列目标，经济社会要保持快速发展就会消耗大量资源和能源，污染物的排放量自然会增加，要完成主要污染物总量减排任务压力较大。

（二）调整能源消费结构与保障环境安全任务艰巨

宁夏作为典型的资源型城市，尤其是沿黄四市，经济增长过多地依赖能源化工产业和以煤为主的能源消费结构。“十二五”期间，将宁东基地建设成为大型煤炭基地、火电基地与煤化工产业基地，发展以煤制烯烃（310万吨/年）、煤制油（400万吨/年）、煤制化肥为代表的煤化工项目及以工程塑料、聚氨酯和精细化工产品为代表的石油化工项目。宁东基地煤炭年生产能力达到1亿吨，淘汰落后产能、能耗指标达标压力巨大。

（三）影响环境空气质量的问题不断出现

随着宁夏城市化进程的加快，城市拆迁综合治理、机动车逐日增加、机动车尾气污染、噪声污染、土地污染、水体污染、生态失衡等一系列城市环境问题呈不断加剧之势；在消费转型更新中，废旧家用电器、报废汽车轮胎等回收和安全处置的任务十分繁重；农业和农村现代化进程加快的同时，农业面源污染、农村污水垃圾、畜禽养殖污染等，防范重大环境污染与突发性事件，保障环境安全的任务将更加艰巨。中卫市“9·6环保问题”发生以后，如何正确对待和处理发展过程中积累下来的复杂的环保问题与大量的污染源现场排查整治工作迫在眉睫。

（四）周边生态环境与季节性污染治理艰难

宁夏北部被腾格里沙漠、乌兰布和沙漠、毛乌素沙漠包围，干旱缺水，空气污染呈现季节性变化规律，每年11月到次年的5月可吸入颗粒物PM10浓度较高，主要受冬季采暖期燃煤、春冬季沙尘和雾霾天气发生频次

较高因素影响。尤其是2015年11月银川市多次持续出现雾霾天气，二氧化硫、二氧化氮及可吸入颗粒物浓度与同期相比均有明显上升。同时，石嘴山市、银川市周边的乌海市、上海庙工业园区等都是以煤化工为主的能源消费结构，以高能耗、高排放的项目为主，空气污染由单一型向复合型污染发展，许多新的环境问题将不断出现，环境风险日益加剧。

（五）改善空气质量刻不容缓

虽然银川空气质量在西北五省首府排名靠前，但存在被赶超的风险。按照新的《环境空气质量标准》（GB3095—2012）评价，2013年与2014年，首府银川市环境空气质量优良天数分别为252天和274天。2013年在西北五省首府城市中银川市只在3月、6月、7月、8月4次排名第一，而兰州市也4次排名第一；在全国74个城市排名中银川市只有7月、8月两次进入前10名，而兰州市在9月、12月也两次进入全国前10名，宁夏存在被赶超局面。

四、改善宁夏环境空气质量的建议

（一）优化城中区企业空间布局，逐步实施搬迁改造机制

1. 实施污染企业搬迁改造机制

以《宁夏空间规划》为指导，明确城市功能分区，完成生态环保区、工业区、居住区、适宜建设区、限制建设区和禁止建设区的功能区划分。建立城中区污染企业调出、迁出机制，如银川市的银川佳通轮胎公司、中石油天然气股份有限公司宁夏石化分公司（宁夏化工厂）、启元药业等。这些企业都位于城中区，有大型的化工装置，周围均为居民住宅区，既有安全上的隐患，又有环境上的污染影响，应尽快将不适宜在城中区发展的污染物企业全部迁出到相关的园区。贺兰县与永宁县的部分重工业、轻工业都在一个园区，带来了相互交叉污染，且又接近住宅区，应实施相应规划将重工业全部搬迁至远离居民区的园区。在产业布局上，银川市污染源不宜设置在北偏西的上风方向，应引起重视，如宁夏赛马水泥有限公司就处于上风位置，随着城市外围的不断延伸，已经接近居民住宅区了。同时，在城市建设布局上，要充分考虑要有通风走廊，便于空气流通与扩散，形成“井字状”，还应考虑城市化的扩建会接近污染源，工业园区的设置也要离中心城市更远一些。

2. 资金扶持措施

企业搬迁所需资金可以考虑实行中央、地方和企业三家共同承担。一是石嘴山市、银川市西夏区在《全国老工业基地调整改造规划（2013—2022)》的范围之内，中央财政可以承担企业搬迁1/3的资金；二是地方政府将原企业清腾出的土地收益全额返还给企业，或者地方政府可以在企业新建厂区的用地方面进行减免，在企业融资方面给予优惠与倾斜；三是其余资金缺口由企业承担。另外，政府应当制定没有在老工业基地调整改造规划范围内的企业如何搬迁和补偿的政策措施。

（二）利用清洁能源，发展循环经济

1. 采用“光伏屋顶型”并网发电与太阳能“热水一体化”系统

以国家新能源综合示范区建设为重点，依托宁夏单晶硅、多晶硅等企业发展光伏、风能并网发电等新能源产业，光伏因地制宜加快大型风电场建设，引导风电产业规模开发；积极发展建筑一体化分布式光伏并网发电、自发自用的屋顶光伏发电工程，让新能源走进学校、走进家庭、走进车间，不但可以解决冬季供暖，还可将剩余电量并网创收。宁夏五市住宅小区和办公区都可以采用“光伏屋顶型”并网发电系统，光伏电与供电部门配送的电没有区别，光伏供电系统由一块配电装置调控，在光伏并网发电后可以确保用户优先使用光伏电，多余的电量可以并网。而当天气不好时系统自动切换到供电部门输送的电网中，能够确保用户用电正常。若采用8块光伏组件面积约为18平方米，系统安装总功率为2kWp，选用250W，设计寿命25年，需要投入成本2万多元；组件每年能发电3600度，按银川市现行电价0.448元/度计算，每年就可节省1612元。现在国家鼓励使用清洁能源，用户每使用一度太阳能光伏发电可得到国家0.42元的补贴，推广使用“光伏屋顶型”绿色能源，一方面利用了顶层空间面积同时又为顶层用户起到了夏季隔热和冬季保温的功能，另一方面既减少了火力发电对能源的消耗，又减少了环境污染和治理环境污染的支出。

2. 采用天然气供热与热电联产

冬季宁夏主要受采暖期燃煤的影响，空气质量较差。建议：一是在宁夏五个地级市首先实施供热规划，推进工业、产业园区集中供热供汽，新建工业园区必须配套建设统一的供热、供蒸汽管网，实施“一区一热源”，不得新建20吨以下燃煤小锅炉；二是宁夏五市的发电厂均要采用热电联产方式进行供热和发电，在城市新建区域应建立天然气热电厂，特别是发展分布式的热、电、冷联产。包括新建的银川市生活垃圾焚烧发电项目，传统集中发电厂的发电效率一般为30%~47%，而热电联产可以同时为某一负荷区域提供电能和热能，通过余热回收技术，其能源的综合利用效率可以达到80%以上，热电联产对提高能源利用率、减少环境污染有积极作用。

3. 绿色出行与园区循环体系

积极发展公共交通，鼓励政府公务车、私家车、中小型货运车辆和城际大巴采用“油改气”或双燃料车，在宁夏的县镇建立相配套的加气站；对宁夏现有园区企业进行生态化改造，强制推行企业清洁生产，形成企业内部小循环体系；要不断延伸产业链，形成以产品配套、废物利用为核心的园区内部中循环体系；因布局合理而形成全市范围内各区域间互为支撑的产业大循环体系。同时，大力发展循环型农业，提高秸秆还田利用水平，禁止焚烧污染空气。

（三）制定补贴激励政策，建立长效监管机制

30多年来，我国走的多是先发展后治理、“重GDP轻治污”的路径，而现在处在国际国内环境污染双重压力下，虽然采取了压减煤耗、淘汰落后产能、产业升级等措施，但也不可能“一招制胜”，毕竟欠了几十年的环境账，因此今后环境治理就是一个长期持久的过程。

1. 建立长效监管与管控体系

一是按照“要金山银山，也要青山绿水”从源头把关、全过程监管的思路，要从突击性的督查，变为经常性的检查，防止虽然安装除尘设备却不用的现象发生，防止供暖企业夜间使用高污染的煤造成空气污染；二是推进产业转型升级，提高淘汰标准，化解产能过剩，降低产业能耗。银川市要重点对水泥、铁合金、有色金属冶炼、酒精、淀粉等行业，对不符合产业政策的应予以关停淘汰。三是监测站要按要求开展监测，为环境监察、监管提供有力的数据，作为执法的重要依据。做到监察到位，严格依法执法。四是治理空气污染需要多方协同作战才能实现，不要“一任市长一张蓝图”，要“全市、全区一盘棋”共同治理改善空气质量。

2. 制定出台完善财税补贴激励政策机制

对企业发展循环经济、使用清洁能源、开展绿色生产、延伸产业链等制定相关补贴激励政策，经考核认证后可以在税收、土地、金融、信贷等方面给予减免与优惠；可采取“以奖代补”“以奖促防”“以奖促治”等方式。

（四）建立空气质量联防联控机制，构建大气污染综合防治体系

污染物排放是会流动的，治理污染靠一个部门、一个城市无法独善其身，需要合力治理，多方应对，尤其各地环保和公安机关要建立完善制度与合作机制。环保部门要做到有案必查、违法必究，查处到位、执行到位，对达到移送条件的案件，必须移送公安机关，做到绝不姑息，避免以罚代刑、死灰复燃、继续污染的后果，但执行罚款时应该实行上不封顶，让违法者付出高额的代价。污染形成非一日之积，清除雾霾也不可能一蹴而就，从浑浊到清新，需要一个社会的普遍觉醒，更需要体制机制与执行力的落实。制度的生命在于落实与行动，要实现清新空气，环境保护不能松、不能停，这是一场事关未来的攻坚战，是一个长期艰辛的治理过程。

1. 建立协同联防合作机制

一是宁夏五市应联合多部门制定并出台《重污染与雾霾应急预案》（包括健康防护措施、建议性污染减排措施和强制性污染停产与减排措施）。二是以宁夏全区为区域，建立以火电、水泥建材、燃煤锅炉、化工等为重点行业的大气污染联防联控机制。三是加强与陕西、甘肃、内蒙古等兄弟省区的合作，建立大气污染协同联防联控机制，形成协商交流、污染防治、应急监测和响应联动机制，共同推进区域大气环境质量的改善。

2. 生态恢复与屏障构建

宁夏空气质量出现“五级”重度污染与“四级”中度污染，主要是受扬沙和浮尘天气影响。因此，一是宁夏自身要大力植树造林，推进“沙地染绿，山区绿屏，平原绿网，城市绿景”构建生态屏障建设。二是宁夏与周边省区要联合治理，共同攻关，建设西北防风防沙防污染生态屏障，共同向国家申请西北五省区生态环境恢复与治理专项资金支持，建设西北防风防沙防污染生态屏障，联合起来对空气污染和风沙灾害进行治理。

2016宁夏生态文明蓝皮书
NingXia Shengtai Wenming Lanpishu

区域研究篇

2015 年银川市生态环境报告

马云龙

生态环境是人类生存和发展的基本条件，是经济、社会发展的基础。银川市委、市政府始终把生态文明建设放在工作首位，大力实施蓝天工程、污染减排、水污染治理等重点工程，努力打造“碧水蓝天、明媚银川”生态城市品牌，环境保护和生态建设取得了显著成绩，银川市荣获了“国家环境保护模范城市”“全国减排先进集体”称号，受到了国家环保部的表彰。

一、银川市生态环境建设现状与成绩

（一）环境质量稳步提高

环境空气质量总体稳定。2014 年，银川市环境质量保持稳定，全市优良天数达到 274 天，达标率 75.1%，较 2013 年增加 22 天。细颗粒物（PM2.5）达标天数 306 天，达标率 83.8%。可吸入颗粒物（PM10）、二氧化硫均值分别为 111 微克/立方米、69 微克/立方米，较 2013 年分别下降 5.9%、10.4%，空气质量优良天数居西北五个省会城市首位。

水环境质量稳中向好。地表水水质按水环境功能区达标率为 100%，黄河银川断面水质稳定达到Ⅲ类标准。城市集中式饮用水水源地水质稳定达

作者简介　马云龙，银川市环保局生态室主任，工程师。

标。排水沟水质明显改善，永二干沟入黄河口断面化学需氧量、氨氮较2013年分别下降71%、66%；第二排水沟入黄河口断面化学需氧量、氨氮较去年同期分别下降23.7%、17.2%。

城市环境噪声全部达标。2011—2014年，区域环境噪声等效声级值分别为53.3分贝、53.0分贝、53.0分贝，道路交通噪声平均等效声级监测值分别为68.2分贝、68.1分贝、68.1分贝，均达到“十二五”中期环保目标考核要求。

（二）“蓝天工程”成效显著

2013年启动实施“蓝天工程”以来，截至2014年底，联合银川市住房和城建等部门拆除燃煤小锅（茶）炉240台，市区供暖燃煤锅（茶）炉数量从695台减少至目前的455台（其中20吨及以上燃煤锅炉90台，20吨以下235台，茶浴炉130台）；完成燃煤锅炉脱硫与除尘改造38台，封闭煤场36座；实施工业废气治理项目42个，异味扰民投诉下降30%；扩大黄标车限行、禁行区域至78平方公里，协助市交警部门淘汰黄标车、老旧车9727辆。

（三）节能减排迈上新台阶

“十二五”以来，银川市完成废水减排项目27个，废气减排项目52个。完成造纸、生物发酵、石油炼制等重点行业废水深度治理项目16个，积极协调望远、暖泉、灵武羊绒3座工业园区建成污水处理厂。累计削减化学需氧量16614吨、氨氮1409吨、二氧化硫40206吨、氮氧化物7905吨，连续4年完成自治区下达的减排任务。

（四）水环境得到明显改善

2014年，建成投运污水处理厂、中水厂3座，启动建设6座，银川第七污水处理厂、第九污水处理厂，滨河新区污水处理厂，贺兰生态纺织园区污水处理厂，灵武市污水处理厂提标改造，永宁第一污水处理厂提标改造等工程完成了前期招投标等手续，陆续开工建设。随着城市和工业园区污水处理等配套基础设施建设完成，银川市生活污水、工业废水处理将实现全覆盖。深化重点行业废水综合治理，完成造纸、制药、生物、石油炼制发酵等重点行业废水深度治理项目12个，实现稳定达标排放，降低了排水沟污染负荷。加大排水沟环境综合治理力度，银川市政府将排水沟整治作为为民办十件实事之一，计划分年度对7条主要排水沟环境进行全面综合整治。2014年完成了永二干沟、第二排水沟、四二干沟等排水沟综合整治；完成15.5公里排水沟清淤、生态护坡、绿化工作，排水沟沿线新建纳污管网5.2公里，解决排水沟黑臭问题，入黄口水质得到大幅改善。

（五）饮用水源地保护工作稳步推进

2014年投入42万元，完成银川市9个城市饮用水源地一级保护区缺失的界桩、宣传牌、交通警示牌补栽，共栽设界桩1061个，宣传牌44个，交通警示牌32个，对水源地的保护起到了广泛的宣传警示作用。加快推进水源地现存单位的搬迁，完成东郊、南郊水源地内的20余家废品收购站等违法单位搬迁。南郊饮用水水源地被列入全国第一批水质优良水源地，位居黄河流域9个省区前列。

（六）农村生态环境不断改善

近几年，银川市争取中央、自治区农村环保资金3.1亿多元，并配套投入1.5亿多元（包括中心村基础设施建设），实施农村环保项目100多个。在26个乡镇262个村庄实施农村环境连片整治工程，覆盖全市100%的行政村，50多万农民直接受益。共铺设农村生活污水收集管网330多公里，建设34处污水处理设施，新增农村生活污水处理能力7500吨/天，处理率达50%，每年可减排COD 560吨；建设22处垃圾收集转运站、8座乡镇垃圾填埋场，新增农村生活垃圾处理能力360吨/天，无害化处理率达70%以上。农村环境整治示范区内基础设施得到完善，“脏，乱，差”现象得到遏制。农村及城乡结合部、各沟渠“脏，乱，差”问题得到根本改变，环境质量明显改善，增强了群众参与保护环境的意识，实实在在地改善了民生。

（七）检测能力逐步提升

新建设永宁、贺兰、灵武、滨河新区、阅海湾商务区6个空气质量监测站点，完成设备安装及联网工作，进入调试及试运行阶段，形成覆盖全市的空气质量监测网络。细颗粒物（PM 2.5）源解析报告已完成初稿编制，进入修改完善和论证阶段。新购置一台汽柴一体并具备黄绿标识别功能的遥感监测仪已投入运行，机动车尾气遥测能力得到提升。

二、银川市生态环境建设中存在的问题

(一) 资源环境约束

从银川市市情看，资源环境的约束进一步趋紧。银川市人均环境容量小，单位 GDP 能耗和单位 GDP 污染高。在现阶段，经济总量增加，不可避免地导致污染物排放增加。同时，人口的持续增长，导致资源环境消耗也在逐年加大。尽管银川市不断加大治理力度，但污染总量居高不下，社会排污总量超过了环境容量。民众对环境质量满意率不高已成为建设小康社会的瓶颈。建设生态文明、全面改善城乡环境质量任重道远。

(二) 政府体制机制问题

对政府的政绩考核过于依据经济指标，使得银川市党政领导在实际工作中不可避免地追求经济增长指标，以经济建设为中心往往被异化为以 GDP 为中心，这导致部分党政领导一味地追求 GDP 增长，而忽视资源环境保护的重要性，当然也就丧失了资源环境保护的积极性，更有甚者以牺牲资源环境为代价换取经济短期的所谓快速增长。

(三) 资源环境的相关管理体制和机制不健全

政府常常只注重经济的片面发展，而在资源、环境的开发使用中对其经济、社会和生态价值等方面注重不够，许多资源的价值被严重低估、贱卖或被无偿使用，导致资源浪费和环境破坏。政府的环保政策缺乏连续性和协调性，不能形成相互配套的长效机制。同时环保领域财政投入长期不足，环境治理费用有限，根本满足不了因为经济发展而对于环境破坏修复所需要的费用。另外政府的现行管理体制中环保部门的权力有限，体现出对环境保护不够重视。例如在新建项目中，环保部门在项目的立项、规划中缺乏应有的主导权、监督权，难以发挥环境评估在地方环境保护中的作用。地方环保部门的人、财、物都受地方政府管理，环境监督的作用受到严重制约，其职能发挥极为有限。

(四) 资源环境保护的法律法规不完善

近年来，银川市虽然对资源环境的保护力度不断加大，已初步形成了一系列资源环境保护的法律、法规和制度体系。但总体来看，资源环境保

护的法律、法规、制度建设工作与环境保护的实际诉求之间还存在很大差距，资源环境保护工作没有真正走向法制化和规范化轨道。法律、法规的政策性配套不够完善，加之一些制度的可操作性较差，现实中违法成本太低，滋长执法不严和有法不依的乱象。同时，由于法律、法规和相关制度对各级政府决策的刚性约束不强，缺乏具有较强操作性的责任追究和奖惩考核制度，使得资源环境保护的法律法规功能难以真正发挥。

(五)认识和实践中存在误区

将生态文明建设完全等同于环境治理。环境治理和环境保护是生态文明建设至关重要的内容，但并非全部。生态文明建设的内涵非常丰富，既包括环境保护，也包括资源节约利用、生态经济、生态政治和生态文化建设等内涵，融合了经济、政治、社会、文化等诸多领域。反映在总体属性上，应该包含人与自然的协调。同时，还包括人与社会环境的协调，生态环境、自然资源与经济发展的协调等。体现在良好的生态建设方面，应该包括生态城市、生态示范区、园林城市、环保城市、节水型城市等诸多方面的建设工作。因此，不能将生态文明建设仅仅等同于环境治理。

三、加快改善银川市生态环境的措施和建议

(一) 大力推进绿色增长

明确城市功能分区，促进产业结构优化布局。按照“扩大规模，完善功能，优化环境，提高品位，突出特色”的要求，突出“塞上湖城，回族之乡，西夏古都”特色，合理调整全市空间结构，着力提升区域中心城市的服务功能。明确划分生态环保区、工业区、商贸旅游区、居住区等城市功能区。以沿黄城市带（群）建设为契机，以建立健全城乡规划管理体系为抓手，推进城乡规划一体化，实现中心城区控制性详细规划的全覆盖；依据规划引导城市建设，加快提升城市功能，探索主体功能区规划管理模式，明确适宜建设区、限制建设区和禁止建设区的区域范围，集中力量建设重点开发区；研究制订黄河金岸城市带电信、公交、金融一体化建设规划；加快区域综合交通网络建设，加强城市交通与土地利用综合规划、交通路网设施建设与城市总体建设衔接。推进公交优先战略，发展轨道交通

等新型城市城际交通，打造现代化城市交通新格局。

按照“建设中心村，改造旧村庄，拆除空心村，迁并自然村，居住入区，产业入园”的基本思路，科学编制村镇建设规划，加快推进新农村建设，尽快改变部分村庄居住分散、建设零乱的现象；围绕建设全国食品安全先进城市的目标，开展循环农业、生态农业示范园区建设，在示范园区内突出发展无公害食品、绿色食品和有机食品生产；开展农村生态文明建设试点，综合整治农村环境，积极推进城市文明向农村辐射，逐步形成城乡一体化的文明建设体系；完善农村劳动力转移培训体系，加快农村富余劳动力向非农产业转移，引导农村居民向城镇集聚；加快培育农民专业合作经济组织，引导和鼓励市区人才、技术、资金投入新农村建设；推进城乡一体化改革试点，立足银川市空间结构现实，研究出台优化人口分布的政策措施，全面启动城乡人口管理一体化改革步伐。

（二）打造“美丽银川”

围绕“两宜城市”建设要求，按照“东治沙，中理水，西护山，四环以内出精品”的总体思路，走园林绿化发展的“大生态”建设之路。黄河以东，坚持保护优先，封造与开发并举，宜封则封，以封为主的原则；中部地区即黄河以西，结合打造“黄河金岸”工程，加快排水沟环境综合整治及其入黄口滩涂湿地恢复工程建设；西部地区即西干渠以西，以封山育林、围栏育草为主，有效保证区域的生态安全，保护生物多样性；四环绕城高速以内的区域，以做好精品化园林景观为主。围绕银川市湖泊水系沟通工程，重点加强以艾依河水系为纽带的环城生态保护与恢复，强化国家湿地公园创建、湖泊湿地保护示范，最大限度地发挥湖泊湿地的生态功能，打造“塞上湖城”风光。坚持规划科学化、建设集约化、管理精细化，加大城市基础设施建设力度。加快构建环城高速以内城市路网体系和区域交通网络，完善城市公共服务设施和无障碍系统；加强城市市政设施、供水供气安全监管，做好城市防汛工作，提高城市防灾减灾能力；坚持旧城改造与新区建设相结合，大力实施旧城区改造、街巷改造和旧住宅小区天然气入户改造工程，改善居民居住环境；高度重视提升建成区的档次和内涵，充分挖掘民族区域特色资源，实施特色街区改造工程和城市亮化美化工程，彰显民族文化风情，展现历史文化名城风貌。

（三）加快生态文化建设

生态危机本质上可以看作是文化危机。全球性“生态危机”的出现，同长期以来人类将自己视作自然的统治者和主宰者的观念与态度有着密切的联系。这种统治、征服、支配自然的欲望导致人们追求的是让自然界合乎人的需要和目的，却较少考虑如何使人的需要和特性适合和适应自然的特性、法则与规律；人们普遍注重改造、征服和战胜自然力量的提高与壮大，而忽视了人与自然之间物质交换的调节能力和人对不断变化着的自然界的适应能力的训练与提高；人们往往陶醉于对大自然的胜利和统治之中，却忽视了人类对自然的每一次胜利，都要受到大自然的惩罚和报复。因此，解决生态危机就必然要求人类形成一种新的生态文化。建设生态文明，不仅需要经济发展模式的转型，更需要深入持久地运用道德约束力，以人类发自内心的自觉行为来保证人与自然的协调发展，从整体上转变人的传统观念和行为规范。人类不应该把自然当成被征服和简单改造的对象，而应该把自然作为人类和谐共处的生存发展环境。所以，银川市在全面建成小康社会的进程中，既要采用科学的发展观，又要借鉴生态文化中的生态思维方式和生态伦理，以使现代化真正沿着可持续发展的方向建设和运行。首先，要提高全社会的生态文明意识。在生态文明建设中，银川市要以马克思主义生态观为指导，解决银川市面临的生态环境问题。广泛开展生态文明宣传教育和知识普及活动，将生态文明有关课程纳入国民教育基地建设，提高各级领导生态文明建设的决策水平；积极推行绿色采购制度，建立并完善激励购买无公害、绿色和有机产品的政策措施及服务体系；总结提炼银川市文化、传统农耕文化、石文化中的丰富生态思想，不断推动生态文明建设向纵深发展。其次，树立生态理性，以生态理性取代经济理性。经济理性只会使劳动者失去人性而变成机器，只会使人与人之间的关系变成赤裸裸的利益关系，只会使人与自然的关系变成工具理性的关系。而生态理性则主张通过适度使用劳动、资本和资源等要素，尽可能多地生产高质量的耐用消费品，以满足人类适可而止的需求，人类应该尊重生命和自然，应该与其他生命一起和谐共处，共同维护好地球家园。

2015年石嘴山市生态环境报告

陈俊忠

石嘴山是国家“一五”时期布局建设的十大煤炭基地之一，在20世纪五六十年代的大规模开发建设中，逐步建起了以煤炭、电力、冶金、装备制造为重点的工业体系。但作为资源型城市，煤炭资源日益衰竭、产业层次低、结构不合理、环境污染和生态破坏严重等问题，给石嘴山的可持续发展带来了巨大挑战。党的十八大提出，加快推进生态文明建设是党中央总揽国内外大局、贯彻落实科学发展观的一个新部署，为实现人与自然、环境与经济、人与社会和谐发展提供了坚实的理论基础，也为石嘴山破解发展难题指明了方向。我们必须树立尊重自然、顺应自然、保护自然的生态文明理念，加大产业民生生态“三大转型”力度，加快推进生态文明建设，努力实现经济社会持续健康发展。

一、石嘴山市加强生态环境建设取得的成效

（一）认真贯彻落实环保法律法规和政策

坚持以人为本、依法行政，全力保障群众环境权益，积极促进经济社会全面协调可持续发展，环境保护法律法规和政策得到了有效贯彻落实。一是深入开展环境法制宣传，不断增强全民环保意识。通过开展新《环保

作者简介 陈俊忠，石嘴山市环境保护局科长，政工师。

法》知识竞赛，广场宣传咨询，环保专场文艺演出，环保“公众开放日”，发行环境日纪念邮票，邮寄保护环境倡议书，新闻媒体报道和环境保护进社区、进校园、进企业等多种形式的宣传教育活动，充分调动全民共同关注环保、参与环保的积极性和主动性，环境保护法律、法规和政策得到了广泛宣传和普及。二是坚持依法行政，强化环境监管。按照“法定职责必须为，法无授权不可为”的要求，严格落实新的《环保法》，积极推进环境污染防治和生态保护，落实污染减排目标任务。深入开展环境保护大检查，督促企业切实履行环境保护主体责任，及时整改落实存在的环境问题，依法严厉打击环境违法行为。通过环境信访、12369环保热线、网络投诉平台等多渠道受理群众环境投诉，及时依法查处各类环境投诉案件，全力维护群众的环境权益。三是自觉接受社会监督，促进环保国策有效落实。加大政务信息公开力度，不断拓宽公开渠道和范围。将环境质量信息、行政审批事项、环境执法情况等政务信息及时在报纸、电视、网络和电子屏幕上公开。通过开展领导干部环境信访接待日活动、组织环保志愿者服务、聘请环保义务监督员等形式，大力支持群众参与环境保护，自觉接受社会各界监督，积极促进环保国策的有效落实。

（二）扎实推进大气污染防治

大力实施《大气污染防治行动计划》，狠抓燃煤电厂脱硫脱硝和除尘设施建设，统调电厂8台共266万千瓦发电机组全部完成了脱硫脱硝除尘项目建设，其中6台共200万千瓦发电机组完成了脱硫和除尘提标改造，污染物排放均达到国家火电行业新排放标准。自备电厂17台共60.4万千瓦发电机组中，6台共35.6万千瓦发电机组完成了脱硫项目建设，其中2台30万千瓦发电机组完成了脱硫和除尘提标改造，15万千瓦以上火电机组全部取消烟气旁路。平罗恒达水泥有限责任公司完成新型干法水泥窑脱硝建设，成为全区第一家完成脱硝设施建设的水泥企业。76家电石铁合金企业中，通过“上大压小”实施炉型置换，建成51台大型密闭电石和铁合金矿热炉，淘汰电石、铁合金矿热炉总装机容量达33.3万千伏安，淘汰燃煤锅炉314台，淘汰黄标车和老旧车辆12569辆。

（三）稳步实施水污染防治工程

实施了一批黄河流域水污染防治重点项目和重点水污染治理工程，全市水污染防治水平进一步提高。建成5座城镇污水处理厂，实际处理能力达8.6万立方米/日，实现了全市主要城市建成区生活污水处理全覆盖。石嘴山市第一、第二污水处理厂通过提标改造，出水达到城镇污水处理厂一级A排放标准。建成城市中水厂4座，设计中水回用能力8.2万立方米/日。组织实施了新安科技、大地化工、东方钽业、日盛化工、英力特化工、恒力钢丝绳等一批企业工业废水治理工程，重点涉水工业企业全部建成了规范的污水处理设施，并实现了污水排放在线监控。通过实施农业污染减排治理，全市53家规模化畜禽养殖场配套建设了粪便综合利用和废水处理等污染防治设施。采取PPP模式积极推进工业园区污水处理厂建设，目前，已与中国通用集团达成合作意向，利用两年时间完成4个工业园区的污水处理厂建设，已有2个开工建设。积极争取国家和自治区支持，抓好沙湖、星海湖及第三排水沟水污染治理，目前已初见成效。

（四）严格固体废物及危险废物监管

加强重金属污染综合治理和应急监管，所有涉重金属企业都建立了污染物产生、排放、治理设施运行等规范化管理台账，完善治污设施和规范物料堆放场、废渣场、排污口建设，强化应急处置。加快工业固废处置场建设，石嘴山生态经济区工业固废处置场一期建成投运，石嘴山高新区工业固废处置场即将投入运行，石嘴山经济开发区第二工业固废处置场已开工建设。切实加强城市生活垃圾、医疗废物管理，全市城市生活垃圾、医疗废物全部得到规范化处置。

（五）积极推进煤炭市场规范化发展

加大环境执法力度，监督企业建设使用储煤仓，并配套喷雾降尘设备，切实加强煤粉尘污染治理。共清理取缔拆除非法煤炭经营户544户，建成封闭式储煤仓295幢，除部分大型煤炭加工企业外，绝大部分煤炭加工企业被限定在3个煤炭集中区内，实现了煤炭加工经营企业进场经营、仓式和半仓式加工。3个煤炭集中区分别组建了卫生保洁队伍，购置了高压喷雾车、清扫车和铲车等专用车辆，对煤炭集中经营区道路实施全天清扫保洁和喷雾降尘。煤炭集中区黑烟滚滚、煤尘飞扬、黑水四溢现象得到有效控制，煤炭市场步入规范发展轨道，煤炭集中区环境面貌进一步改善。

（六）农村环境综合整治成效显著

按照农村环境连片整治示范要求，争取农村环保专项资金 1.48 亿元，完成农村环境连片整治示范项目 67 个，购置各类垃圾箱 15700 个、垃圾转运车 607 辆、人力三轮车 319 辆、手推式垃圾车 815 个，建设垃圾转运站 85 个、垃圾填埋场 3 个、“一体化”污水处理站 10 座、氧化塘污水处理设施 2 处，铺设集污管网 145.6 千米，保护农村集中式饮用水源地 23 处。绝大多数集镇和大型庄点污水实现了集中处理。组织创建国家级生态乡镇 3 个、国家级生态村 1 个、自治区级生态乡镇 10 个、自治区级生态村 17 个。在全区率先开展了作物秸秆禁烧及综合利用示范区建设，示范区面积 2 万亩。农村环境综合整治实现了农村全覆盖。

（七）不断加强生态建设

坚持走大工程带动大发展的路子，通过实施生态修复工程，构建完善贺兰山东麓生态防护屏障、黄河护岸林等重点工程。实施主干道路大绿化工程，以“有路必有树，两侧绿树成荫，视线无荒山”为目标，应用抗旱造林、抗碱造林技术，实施了包兰铁路、滨河大道、城滨大道等一批绿色通道工程。实施平原绿化工程，围绕自治区美丽乡村建设重点，逐步完善环村林带、巷道绿化、庭院绿化和乡镇公共绿地为主体的村镇绿化。在认真论证和规划的基础上，建设市民休闲生态公园：惠农区红柳湾市民休闲森林公园、大武口区森林公园、平罗县唐徕渠带状公园。积极推进水生态建设，使得湿地的生物多样性得到不断恢复，生态环境有了进一步改善，石嘴山市被确定为“全国水生态文明城市”建设试点。

通过扎实有效的工作，全市环境质量得到了大幅改善。截至 2014 年底，全市主要污染物二氧化硫、氮氧化物、化学需氧量、氨氮排放量分别比 2010 年下降了 32%、33%、13%、12%。2014 年，执行新环境空气质量标准后，城市环境空气质量优良天数为 230 天。2011—2014 年，黄河出境断面Ⅲ类水质达标率由 90%上升到了 100%，城市饮用水源水质达标率稳定保持 100%。目前，全市森林面积超过 100 万亩，城市建成区绿化覆盖率超过36%，人均公共绿地面积超过15平方米。湿地面积达到41572.6公顷，占市域土地面积的7.8%。

二、石嘴山生态文明建设面临的挑战

近年来，石嘴山市在积极调结构、促转型的同时，不断加大环境保护力度，扎实推进生态文明建设，取得了明显成效。但一分为二地看，仍然存在一些突出的矛盾和问题，与科学发展和生态文明的要求相差甚远，生态文明建设面临严峻的形势。

（一）生态建设的客观条件差，建设任务十分艰巨

石嘴山地处西北内陆，自然条件差，干旱少雨，风沙自然灾害频繁，资源严重匮乏。降水过少、蒸发过强，年平均降水量不到200毫米，并且集中在7、8、9三个月，而年蒸发量达2000毫米。加之资源开发等人为因素，导致山体破坏、采矿沉陷，地质地貌和生态环境遭到严重破坏，生态保护和恢复建设任务十分艰巨。

（二）环境质量不容乐观

新的环境空气质量标准实施后，指标增加、标准收严，环境空气质量改善的难度增大。沙湖、星海湖因水体不流动，蒸发量大，水量补给不足，水体富营养化趋势日益加重。第三排水沟水体受上游来水污染和石嘴山市工业园区、城市排污的影响，水质长期处于劣Ⅴ类状态，治理难度很大。

（三）产业结构性矛盾突出

煤炭开采、化工、金属冶炼以及电力等污染较为严重的传统工业在一定时期内仍然会占主导地位，结构性污染难以根本改变。高消耗、高排放的工业化水平在短时期内难有较大提高，经济发展与资源环境的矛盾日益突出。因此，如何更好地在发展中保护生态环境，如何找到发展与环境的平衡点，处理好二者的关系，实现生态保护与经济发展同步，达到双赢的效果，是我们亟须解决的问题。

（四）推进生态建设的机制不尽完善

促进生态建设和发展的政策体系还没有建立健全，生态文明还没有成为全民的共识，生态补偿机制尚未建立起来，谁污染谁治理、谁开发谁补

偿的制度体系还有待进一步完善。各类工业企业利用当地廉价的自然资源，享受了政府的服务和社会公益事业，但是没有对环境的负面影响支付足够的成本，企业污染、群众受害、政府埋单现象依然存在。生态规划相对滞后，红线不明确，控制不严格，生态建设责任落实不到位。

三、进一步加快推进石嘴山市生态文明建设的措施

作为环境保护综合管理部门，面对石嘴山市生态文明建设中的突出矛盾和问题，我们必须充分认识加快推进生态文明建设的极端重要性和紧迫性，切实增强责任感和使命感，牢固树立尊重自然、顺应自然、保护自然的理念，以改善环境质量、保障环境安全、维护人体健康为基本出发点，优化总量控制，深化治污减排，严格生态保护和环境风险管控，加强部门联动，动员全社会参与，加快推进生态文明建设，努力打造"开放富裕，和谐美丽"的石嘴山名片。

（一）合理开发利用资源

从根本上缓解经济发展与资源环境之间的矛盾，必须构建科技含量高、资源消耗低、环境污染少的环保型产业结构，加快推动生产方式绿色化，大幅提高经济绿色化程度，有效降低发展的资源环境代价。积极推进传统能源安全绿色开发和清洁低碳利用，发展清洁能源、可再生能源，不断提高非化石能源在能源消费结构中的比重。大力发展节能环保产业，以推广节能环保产品拉动消费需求，以增强节能环保工程技术能力拉动投资增长，推动节能环保技术发展，加快环保技术进步。

（二）切实加强生态保护

生态文明建设必须坚持"节约优先，保护优先，自然恢复为主"的基本方针，把生态保护放在重要位置。要依据石嘴山经济社会发展规划和空间发展战略规划，以《石嘴山环境功能区划》为基础，围绕实现自治区确定的环境质量改善目标和主要污染物总量控制目标，切实加强生态保护工作，加强区域及周边天然林地、草原、湿地等生态系统和自然景观保护。大力推进农村环境综合整治，切实加强农村环境保护，全面改善城乡生态环境。积极争取国家、自治区支持，限制矿山开采，实施矿区生态恢复建

设和保护工程、贺兰山前截潜工程、“保护母亲河”工程，加快构建西部生态绿色屏障。

（三）着力改善环境质量

要严格源头预防、不欠新账，加快治理突出生态环境问题、多还旧账，让人民群众呼吸新鲜的空气，喝上干净的水，在良好的环境中生产生活。要以解决损害群众健康突出环境问题为重点，坚持预防为主、综合治理，强化水、大气、土壤等污染防治。着力推进水污染防治行动计划，推进工业园区、重点行业环境基础设施建设，所有工业园区建成污水集中处理厂，完善集污管网，提高园区污水集中处理率；大力推进中水回用，提高污水重复利用率；着力推进大气污染防治行动计划，严格环境准入条件和煤炭能源消费目标管理，推进二氧化硫、氮氧化物、烟粉尘、扬尘、挥发性有机污染物等多污染物协同控制，工业点源、移动源、面源等多污染源综合治理，加强采暖期煤烟型大气污染控制与治理，统调电厂通过污染治理技术升级改造实现“近零排放”，自备电厂、钢铁企业烧结系统全部配套建设高效脱硫、脱硝设施，实施除尘升级改造，达到行业排放标准；着力推进土壤环境保护和土壤污染综合治理，开展农用地土壤污染状况调查，推进土壤污染治理与修复示范项目，集中力量解决好细颗粒物、饮用水、土壤、重金属、化学品等损害群众健康的突出环境问题，改善石嘴山市环境质量。

（四）进一步完善生态文明制度

推进生态文明建设，必须进一步完善生态文明制度体系，引导、规范和约束各类开发、利用、保护自然资源的行为，用制度保护生态环境。要探索建立自然资源资产产权制度和用途管制制度。对水流、森林、山岭、草原、荒地、滩涂等自然生态空间进行统一确权登记，实现能源、水资源、矿产资源按质量分级、梯级利用。坚持并完善最严格的耕地保护和节约用地制度，强化土地利用总体规划和年度计划管控，加强土地用途转用许可管理。严守资源环境生态红线，设定并严守资源消耗上限、环境质量底线、生态保护红线，探索建立资源环境承载能力监测预警机制，将各类开发活动限制在资源环境承载能力之内。严守环境质量底线，将大气、水、土壤等环境质量“只能更好，不能变坏”作为环保责任红线，确定污染物排放总量限值和环境风险防控措施。强化落实生态功能区的生态环境保护，制定环境准入政策，引导地区产业发展，突出生态环境保护，使落实生态功能区在生态安全体系构建当中起到重要的作用。建立资源有偿使用制度和生态补偿制度，健全生态环境保护责任追究制度和环境损害赔偿制度。坚持“谁开发、谁保护，谁破坏、谁恢复，谁受益、谁补偿，谁污染、谁付费”的原则，采取资金补助、对口协作、产业转移、人才培训、共建园区等方式，实施生态补偿。建立环境风险预测预警体系，加强环境风险管控基础能力建设，进一步提高风险预警的准确性。建立市、县（区）两级环境应急管理队伍，强化环境风险管控与环境应急响应。

（五）严格落实生态文明建设责任

落实生态文明建设责任，是推进生态文明建设的有力保障。要严格落实“政府领导，部门监管，企业主体”三大责任，建立体现生态文明要求的目标体系、考核办法、奖惩机制。把资源消耗、环境损害、生态效益等指标纳入经济社会发展综合评价体系，大幅增加考核权重，强化指标约束，落实好生态环境损害责任终身追究制度，推动以资源环境承载力为基础、以自然规律为准则、以可持续发展为目标的生态城市建设。完善节能减排目标责任考核及问责制度，督促企业履行环境保护主体责任，加大资金投入，进行环保技改和生态建设。严格责任追究，对违背科学发展要求、造成资源环境生态严重破坏的要记录在案，实行终身追责。对推动生态文明建设工作不力的，要及时诫勉谈话；对不顾资源和生态环境盲目决策，造成严重后果的，要严肃追究有关人员的领导责任；对履职不力、监管不严、失职渎职的，要依纪依法追究有关人员的监管责任。

（六）严格环境监管执法

一是坚持问题导向，针对薄弱环节，加强统计监测、执法监督，为推进生态文明建设提供有力保障。建立统一监管所有污染物排放的环境保护管理制度，对工业点源、农业面源、交通移动源等全部污染源排放的所有污染物，对大气、土壤、地表水、地下水等所有纳污介质，加强统一监管。加快推进对能源、矿产资源、水、大气、湿地，以及水土流失、沙化土地、土壤环境等统计监测核算能力建设。

二是加强法律监督、行政监察，对各类环境违法违规行为实行“零容忍”，加大查处力度，严厉惩处违法违规行为。强化对浪费能源资源、违法排污、破坏生态环境等行为的执法监察和专项督察。强化对资源开发和交通建设、旅游开发等活动的生态环境监管。

三是在环境敏感区及周边，禁止建设环境风险企业，逐渐淘汰高污染、高排放、高毒等高风险生产工艺，降低区域环境风险水平，改善环境安全总体态势。

四是加强重点领域环境风险管理，实现健康发展与环境安全。加强化工、电力、钢铁、医药等重点领域环境风险管理，开展重点行业环境风险评估，动态评估环境风险等级，实施分级管理。

（七）形成推动生态文明建设的强大合力

生态文明建设关系各行各业、千家万户。要建立健全多部门联合执法机制，积极拓宽与相关部门的互联互通渠道，形成执法合力。要充分发挥人民群众的积极性、主动性、创造性，凝聚民心、集中民智、汇集民力，实现生活方式绿色化。要把生态文明教育作为素质教育的重要内容，纳入国民教育体系和干部教育培训体系。要组织好“世界环境日”等主题宣传活动，充分发挥新闻媒体的作用，加强环境保护宣传，普及生态文明法律法规、科学知识教育，报道先进典型，曝光反面事例，引导全社会树立节约意识、环保意识、生态意识，形成人人、事事、时时崇尚生态文明的社会氛围。广泛开展绿色生活行动，推动全民在衣、食、住、行、游等方面加快向勤俭节约、绿色低碳、文明健康的方式转变。完善公众参与制度，及时准确披露各类环境信息，扩大公开范围，保障公众知情权，维护公众环境权益。健全举报、听证、舆论和公众监督等制度，构建全民参与的社会行动体系。建立环境公益诉讼制度，引导社会组织对污染环境、破坏生态的行为进行公益诉讼。在建设项目立项、实施、评价等环节，有序增强公众参与程度。引导生态文明建设领域各类社会组织健康有序发展，发挥民间组织和志愿者的积极作用。

2015 年吴忠市生态环境报告

杨力莉

在吴忠市委、市政府的正确领导下，在自治区环保厅的精心指导和大力支持下，吴忠市环保局以党的十八大精神为指导，紧紧围绕第四次党代会提出的建设和谐富裕新吴忠战略目标，牢固树立“生态立市”的发展战略，坚持“在发展中保护，在保护中发展”的战略思想，以解决危害群众健康和影响可持续发展的突出环境问题为重点，以削减总量、改善质量、防范风险、提升能力、完善机制为抓手，加快资源节约型、环境友好型社会建设，吴忠市生态环境保护工作取得了新的成效。

一、生态环境建设取得的成效

（一）推进生态环境建设的主要做法

1. 污染物总量减排攻坚战

建成大唐发电脱硝设施安装等 9 项工业减排工程、65 项农业减排工程，拆除昊盛纸业 12 台 25 立方米蒸球，淘汰昊盛纸业年产 3.4 万吨麦草制浆生产线 1 条、精艺裘皮年产 6.5 万标张裘皮加工生产线 1 条、青铜峡利源工贸 12500 KVA 硅铁炉 1 台。基本完成四项主要污染物总量减排任务。

作者简介 杨力莉，吴忠市环保局生态农村科副科长。

2. 环保三项行动攻坚战

全面实施吴忠市环境保护、吴忠市大气污染防治、宁东基地环境保护三项行动计划，启动全市环境保护排查整治行动，齐抓共管，合力攻坚，确保完成三项行动各项任务。在大气污染防治上，减少锅炉污染，淘汰茶浴炉 92 台；对供热锅炉进行大检修，保证供热锅炉正常运行；2014 年采暖期所有供热单位使用硫分低于 1%、灰分小于 15%的优质燃煤。减少汽车尾气污染，淘汰黄标车和老旧机动车 28000 余辆。减少露天烧烤低空污染，市区所有露天烧烤全部搬至室内。在水污染治理上，对清水沟、南干沟两岸废水排放企业实行智能化管理，已对符合条件的 16 家企业安装了 IC 卡刷卡排污总量监控系统，严控企业超标，超总量排放。在农村环境综合整治上，争取 2015 年农村环境整治项目 59 个，资金 1.677 亿元，实现了吴忠市农村环境整治项目全覆盖。目前，吴忠市 2014 年度 24 个在建项目主体工程已全部完成，设施基本采购到位。已经整治村庄 124 个，铺设污水管网 53 公里，建设垃圾填埋场 2 个、垃圾中转站 4 个，设置垃圾箱（池、桶）12260 个，配置各类车辆 512 辆。申报国家级生态乡镇 1 个，已经通过了自治区环保厅专家组的审查验收。申报自治区级生态乡镇 4 个，生态村 3 个，等待自治区环保厅验收。在危化品管理上，收集市区 19 个学校 0.278 吨危险化学试剂，送达自治区危废处理中心安全处置。

3. 环保模范城市创建攻坚战

以吴忠市“八城联创”为契机，深入实施国家环保模范城市创建工作。为了保证创模评估工作的权威性、可靠性，邀请环保部环境规划院就吴忠市创建模范城市进展情况进行现场评估，形成评估报告。经评估，吴忠市 68 项创模指标，污染减排、能源消耗、环境卫生等 53 项指标已达标，达标率 78%。群众环境满意度、水源地管理、固体废弃物处置等 15 项指标尚未达标，未达标率 22%。

4. 实施生态文明体制改革攻坚战

编制了《吴忠生态文明建设示范市创建规划（2015—2020 年）》（以下简称《规划》），《规划》已通过自治区环保厅评审，报吴忠市人民政府审议。起草《吴忠生态文明建设示范市创建实施方案》，出台《构建加强生态文明建设制度框架》《关于加强生态文明制度建设的意见》。林权管理服务平台，林权交易流转机制等“六个机制”已提交市改革办，待市政府研究审定后下发执行。完成吴忠市水源地保护红线划定，全市农村集中式饮用水水源地保护区划分方案已上报自治区环保厅审定。森林林地、湿地、荒漠化土地治理、自然保护区等四条生态红线基础数据已划定，待自治区下一步正式公布后执行。

5. 实施环境保护执法监管攻坚战

2015 年是宁夏回族自治区的环境执法年，通过在线监控设施、监督性监测、有效性监测、月度监察对企业排污进行日常监管。通过突击检查、交叉执法、联合执法开展环境执法大检查，对排污企业拉网式排查，建立重点排污企业、危化品企业、贺兰山东麓葡萄种植基地周边企业环境信息库，严肃查处环境违法企业。对 346 家企业环境违法行为进行了查处，其中扣押 1 家企业的生产原料，拆除 10 家企业生产设施，查封 5 家企业及 14 家塑料加工点生产设施。停产整治 158 家企业，行政处罚 35 家企业，罚款 79 万元，限期整改 123 家企业。消除了未批先建、污染防治设施未建成等环境风险，化学制浆、粗铅冶炼、木炭和废旧塑料加工彻底退出了吴忠市场。

吴忠市区空气质量自动监测、水环境月度监测表明：2015 年 1—9 月，城市环境空气质量优良天数 211 天，达标率 76.7%，沿黄城市排名第一。黄河水质监测 23 项污染因子中氟化物等 6 项浓度同比下降，黄河吴忠出境断面水质达到二类水质，比目标值高一个类别。环境功能区噪声达到国家标准，饮用水源水质达标率 100%。没有发生重大环境污染事件。

（二）推进生态屏障建设取得的成效

1. 生态环境持续好转

大力实施生态立市战略，不断加强生态建设，保护生态资源，生态环境明显改善。按照山、沙、川不同区域，分类施策，重点实施了封山育林、治沙造林、黄河防护林、绿色通道、绿化精品、庄点绿化、城市绿化景观建设等造林绿化工程。全市林业用地面积达到 760.8 万亩，森林面积达到 436 万亩，森林覆盖率由 2000 年的 12.8%提高到 2014 年的 14%，初步建立起了以山脉为骨架，以流域为单元，以城市及旅游景区绿化为亮点，乔灌草复合配置的林业生态体系。吴忠市全市园林绿地总面积达到5612公顷，城市建成区绿地率、绿化覆盖率、人均公共绿地面积分别达到31.96%、36.26%和16.19平方米，先后荣获“全国平原绿化先进单位”“国家园林城市”“全国绿化模范城市”“中国优秀生态旅游城市”“中国人居环境范例奖”等荣誉称号。

2. 生态移民迁出区生态修复工程稳步推进

认真组织实施自治区人民政府《关于加强生态移民迁出区生态修复与建设的意见》《宁夏生态移民迁出区生态修复工程规划（2013—2020年）》《宁夏生态移民迁出区生态修复工程年度实施方案》，采取围栏封育、人工补播林草、封山育林等措施，加强生态移民迁出区的生态修复工作，确保生态修复取得实效。全市生态移民迁出区生态修复面积达到16.47万亩，其中人工造林6.17万亩、中幼林抚育10.3万亩。

3. 防沙治沙成效明显

积极督促指导同心县和红寺堡区继续实施全国沙化土地封禁保护项目，完成沙化土地封禁保护30万亩。盐池县在城北沙区建立了3万亩防沙治沙示范区，引进栽植各类治沙植物40种，沙地治理效果十分明显。被自治区党委组织部和区党校确定为宁夏首批干部教育培训现场教学基地，发挥了良好的示范带头作用。

4. 森林资源管理扎实有效

一是林业有害生物得到有效控制。积极加强全市林业病虫害疫情的预测预报，定期开展化学防治。截至目前，市区（含孙家滩地区）各类林业有害生物发生面积6.7万亩，成灾面积603亩，成灾率控制在9‰以内。共检疫检查各类苗木151万株、115车次，检疫品种达41种。办理调运检疫0.167万株，实施苗木产地检疫105.1万株525亩，产地检疫率达100%。林业有害生物测报准确率达88.2%，无公害防治率达到85%。林业有害生物防治所有指标均在控制范围内。

二是加强森林防火工作。始终坚持以保护森林资源为重点，全面贯彻落实“预防为主，积极消灭”方针，坚持“打早，打小，打了”原则，广泛宣传《森林法》《森林防火条例》等法律、法规，加强春节、清明节等重点防火期严查和日常防火监管，及时排查治理各类火灾隐患，实现了无较大以上森林火灾和人员重伤、死亡事故、森林火灾受害率控制在1‰以下的目标。

三是严厉打击各类涉林违法犯罪行为。采取“打防结合，标本兼治”的方针，适时组织开展了以打击破坏森林资源违法犯罪行为为主的各类专项行动，对破坏森林资源违法犯罪实行了高压打击，同时大力加强林区治安防控体系建设，提高预防、控制和打击的效能。2015年以来共接处警66起，出动警力530人次，立案23起，处理涉案人员36人次。

二、吴忠市生态环境建设的主要经验及启示

（一）充分发挥党委、政府的主导作用

吴忠市历届党委、政府都十分重视生态文明建设工作，将生态文明建设当作“一把手”工程，列为政府效能目标管理专项工作，制定了严格的考核奖励办法，对生态文明建设工作进行专项考核。

（二）树立正确政绩观

牢牢树立“功成不必在我任”的政绩观。吴忠市在加快经济建设步伐的同时，结合地方自身优势特点，以人为本，科学规划，合理布局，积极探索生态保护与经济发展相适应、相促进、相协调的发展路子，不走只重视突出政绩的老路，不走肆意掠取资源、造成资源枯竭的邪路，不为了追求片面的政绩而不顾对环境的污染和对生态的破坏，盲目上大项目、搞大工程。

（三）利用“争创”契机推进生态文明建设

吴忠市把争创“国家园林城市”“国家环保模范城市”等作为大力推进各项生态文明建设工程的有利时机，采取有力措施，促进吴忠产业转型，切实改善吴忠环境质量，强化吴忠环保能力，推行低碳环保的绿色生产、生活方式，形成人人善待自然，个个自觉环保的生态文明理念，营造“关注环保，参与环保”“吴忠是我家，环保靠大家”的良好氛围。

（四）创新完善生态建设体制机制

一是建立完善了考核激励机制。每年拿出300多万元专项资金，对各县（市、区）设立生态建设现金奖。二是建立完善了公开评议监督机制。建立了吴忠市四套班子领导对生态建设工程（项目）进行督查，人大代表审议监督制度。据不完全统计，近5年全市生态建设共投资22亿元，其中政府投资10亿元，项目投资5亿元，社会、企业投资7亿元，有效的资金投入为生态文明建设提供了有力支撑。

三、新时期加强生态文明建设的建议

（一）继续构筑生态屏障

坚持“工业项目上山，设施农业靠边，整合分散庄点，盘活存量资源”的原则，加快国土空间规划体系建设。扩大贺兰山东麓沿线和鸟岛、滨河大道沿线森林、绿地、湿地面积，严格按照环保要求选择安排建设项目；限制开发盐池草原和同心生态移民迁出区，宜林则林、宜草则草；全面做好农田防护林和绿色通道建设，构建可持续利用资源支撑体系。构筑贯通黄河两侧辐射2公里的生态防护林体系，建成集绿化美化、湿地保护、生态旅游为一体的沿黄城市带绿色景观长廊；沿青铜峡甘城子至红寺堡南川乡一带，建成葡萄产业长廊；以罗山国家级自然保护区为核心，规划建设大罗山生态经济圈，形成中部干旱带防风固沙长廊，吴忠市全市每年营造林2万公顷以上。

（二）继续修复植被

引导广大农民群众遵纪守法，自觉禁牧。落实禁牧补助补贴资金，推进转人、减畜、提效、增绿；按照谁投资、谁受益的原则，支持社会资金参与生态植被恢复建设。加快移民迁出区生态恢复。科学编制《吴忠市移民迁出区生态恢复实施方案》，到2017年，封育管护覆盖面达到100%，建成10个生态恢复示范区，移民迁出区生态环境得到明显改善。重点对青铜峡西部，同心东部、南部荒漠地带和盐池西部、北部明沙丘进行治理。坚持人工造林与封育管护相结合，推进防沙治沙和生态修复，到2017年，减少荒漠化面积6.7万公顷，新增水土流失治理1500公顷。加快吴忠市黄河湿地公园、青铜峡库区湿地保护与恢复等项目建设。力争森林覆盖率年均提高1个百分点，争创“全国卫生城市”“国家环保模范城市”。

（三）保护水源大气土壤

落实最严格的水资源管理制度，以水资源配置、节约和保护为重点，加快节水型社会建设。合理开发利用地下水源，规划城镇集中式饮用水源保护区及备用水源地，加快农村饮水安全工程建设，禁止非法开采地下水。坚决取缔水源地保护区内的直接排污口，不断改善水环境质量。提高风能、太阳能等清洁能源使用比例，重点行业主要大气污染物排放强度逐年降低。严格耕地保护，防控农业面源污染，扩大有机肥使用面积，实施农药、化肥减量工程，杜绝高毒、高残留和假冒伪劣农药流入市场、进入土壤，保留“净土”。

（四）发展生态产业和低碳循环经济

大力发展绿色、循环、低碳工业。坚持所有项目一律入园，加快推进工业园区和重点产业的生态化改造，重点打造太阳山能源化工基地和青铜峡新材料基地“两大”循环经济产业园，使煤炭、电力、化工等支柱产业全面驶入循环轨道。培育壮大清真牛羊肉、乳品、绒毛加工、葡萄酿酒等绿色产业集群。到2017年，力争循环经济产值占全市工业总产值的60%以上，化学需氧量、二氧化硫排放量消减率达到5%以上。围绕全市确定的有机大米、奶产业、清真牛羊肉、设施瓜菜、有机枸杞等主导产业和优势特色产业，加快发展生态农业。实施绿色农产品的市场准入制度，确保生产和消费安全。到2017年，有机、绿色、无公害农产品种植总面积达到60%以上。依托塞上江南自然风光和生态资源优势，大力发展旅游、商贸物流、现代金融保险业、信息服务等绿色服务业。建立清洁、安全的现代物流体系，建成宁夏吴忠现代商贸物流园区等六大绿色物流中心。到2017年，全市服务业总收入达到300亿元，年均增长25%以上。

（五）建设生态城市

倡导全社会牢固树立尊重自然、顺应自然、保护自然的生态文明理念，大力普及生态文明理念，促进生态文明理念进行业、企业、学校、社区、家庭。倡导绿色行为方式。把资源消耗、环境损害、生态效益纳入经济社会发展评价体系，纳入地方各级党委政府绩效考核，努力形成生态文明建设的长效机制。重点围绕黄河金岸，扩大城市绿地量。加快大县城建设和22个小城镇改造建设，突出立体化、复合型的绿色生态网络体系。规划建设新型低碳社区，改造老旧社区，推广绿色节能建筑，普及和利用太阳能等清洁能源，健全消防、医疗、地震等应急救援系统。到2017年，城镇人均公共绿地达到11平方米以上，绿色建筑比例达到30%以上，建成国家环保模范城市。2020年，山区生态系统全面恢复，川区生态环境质量更加优良，区域生态安全屏障功能更加凸显，符合主体功能定位的开发格局基本形成，绿色产业体系初步建立，经济社会环境协调发展，人与自然和谐共生，将吴忠市打造成生态产业的集聚区、城乡统筹的样板区、生态宜居的新城区，全国生态文明试点示范建设取得显著成效，全社会生态文明理念显著增强，为西北生态文明建设、少数民族地区和谐永续发展提供示范引领和经验借鉴。

2015年固原市生态环境报告

赵克祥

2015年，固原市环保工作以服务全市经济社会发展为主线，以维护人民群众环境权益为目的，紧紧围绕环保职能，努力推进生态文明建设，全市环境质量总体保持稳定。

一、努力推进生态环境建设各项工作

（一）全面推进污染减排

以污染减排目标责任书为总纲，制定《固原市2015年度主要污染物总量减排实施方案》，将减排任务及减排项目分解落实到各县（区）、重点企业和有关部门，同时，加强城市污水处理厂、六盘山热电厂和六盘山水泥厂等重点污染源的监管，确保污染处理设施正常运行、污染物达标排放；对城市区建成区燃煤茶浴炉强制淘汰，控制烟尘和二氧化硫排放；推进马铃薯淀粉加工废水治理设施建设，落实综合治理措施；严格执行《环境影响评价法》《排污许可制度》《清洁生产审核制度》从源头防止新的污染源产生。2015年上半年全市化学需氧量、氨氮、二氧化硫、氮氧化物排放总量分别控制在1.15万吨、0.05万吨、0.851万吨和0.89万吨以内。

作者简介 赵克祥，固原市环境监察支队支队长，助理环保工程师。

（二）依法推进环境大检查

按照《固原市环境保护大检查实施方案》，明确职责、任务，以工业园区、城镇污水处理厂、马铃薯淀粉加工企业、违法违规建设项目、非煤矿山资源开发企业为重点，组织开展环保大检查工作。在大排查中，全市共出动执法人员1445人次，检查各类企业399家（次），工业园区10个，城镇污水处理厂7家；发现违法行为130件，责令限期整改101件，关停取缔7家，行政处罚10件罚款62万元。

（三）强制拆除市区燃煤茶浴炉

为改善环境空气质量、减少煤烟型污染，根据自治区人民政府《宁夏回族自治区大气污染防治行动计划》和《关于限期淘汰城市建成区域燃煤茶浴炉的通知》要求，组织对固原市区燃煤锅炉进行了全面摸底调查，对烧开水和洗浴热水的燃煤茶浴炉一律登记造册，并按照“主体拆除，烟囱落地，断水断电”的要求进行拆除改造。目前列入拆除改造的58台燃煤茶浴炉已拆除改造30台，其余的将按计划在11月底前拆除改造完成。

（四）做好隆德渝河和西吉葫芦河治理

2015年1月，媒体报道了隆德县渝河跨界污染问题，引起了各方关注。舆情发生后，固原市高度重视，市委、市政府主要领导就渝河和葫芦河水污染防治多次批示，县（市、区）环保、水务等部门认真学习领会上级指示精神，组织开展环境保护大检查。

1. 精心谋划

为针对性地解决两河污染问题，市领导带领环保、水务等部门到西吉县和隆德县进行调研，成立了两河综合治理领导小组，先后召开专题会议十余次，研究部署两河综合治理工作，并出台了《渝河葫芦河污染综合治理方案》《关于促进马铃薯加工业优化升级实施意见》等，隆德县和西吉县围绕淀粉废水污染、畜禽养殖场治理、河道清理及采砂行业整治、污水处理厂提标改造等，分别编制上报了7个污染治理可行性研究报告，对渝河和葫芦河进行综合治理。

2. 加快环境基础设施建设

从2015年5月以来，筹措近亿元，先后动工建设了隆德县六盘山工业园区污水处理厂、渝河生态治理工程，葫芦河流域水环境生态污染综合整治一期（氧化塘及生态湿地）工程、西吉县污水处理厂提标改造工程，通过实施中南部引水水源保护项目，完善了水源地保护围网、界碑、界桩、警示牌、应急集污池、水质自动监测站等设施，环境基础设施建设进一步得到加强。

3. 加大流域污染源治理力度

2015 年以来，对渝河、葫芦河流域内主要污染物不能稳定达标排放的工业企业实施了限期治理，11 家企业配套完善了废水污染治理设施，污染物产生与排放量大幅下降；规范污水排放企业排污口，封堵私设排污口 14 处，坚决制止了企业的偷排行为；注重调整产业结构，关停 1 万吨以下马铃薯淀粉生产企业 44 家。

4. 做好督查督办

按照自治区和固原市政府部署要求，加大对渝河和葫芦河污染治理监管力度，每月对隆德县和西吉县污染防治工作督查 1 次，特别是马铃薯生产季节，采取不定时间、不打招呼、昼夜交替查的形式，每周督查一次，并根据督查情况下发环境保护大检查督查督办通知 1 份、督查通报 3 份、环境监察通知 5 份，约谈污染严重的排污企业 6 家，始终保持对违法排污行为的高压态势，有效打击了环境违法行为。

5. 建立跨界河流联防联控协作机制

为进一步加强与相邻市县的沟通协调，建立信息定期通报和工作会商机制，共同做好跨境流域水体治理工作，固原市分别与甘肃省平凉市、庆阳市就跨界河流水污染联防联控事宜进行了交流座谈，就跨界河流水污染联防联控框架协议内容达成共识，并于 9 月 28 日在甘肃省平凉市静宁县签署固原市和平凉市跨界河流水污染联防联控框架协议。

通过以上工作，渝河和葫芦河综合河流取得了明显成效，从两河水质监测报告看，影响水质的主要指标氨氮、总磷、化学需氧量等浓度呈下降趋势，水质逐渐好转，特别是渝河 7—9 月连续 3 个月出境断面水质达到 IV 类标准。

（五）联合执法收到实效

市环保局与文体、公安、工商、消防、卫生等部门成立了联合执法小组，对城区无证经营、噪声扰民的文化娱乐场所、建筑施工环境噪声、市区学校、住宅小区、宾馆周边可能产生噪声的场所开展了专项执法检查，共检查建筑工地等 51 处，处理各类环境污染投诉 52 件，取缔关闭无证经营、噪声扰民严重的文化娱乐场所 9 处。落实“12369” 24 小时值班制，及时处理群众环境污染投诉，变坐等上访为主动下访，及时处理双休日、节假日、夜间环境污染投诉，妥善解决环境污染纠纷和矛盾。目前“12369”环保投诉热线共接群众举报投诉 143 件，受理市政府公众互动投诉 35 件，办理 18 件。环境信访案件处理率和回复率均为 97.3%，基本达到了“有诉必接，有接必查，有查必果，有果必复”的工作要求，群众满意率达到 90%。

（六）加强农村环境保护工作

督促各县（区）加快 2014 年自治区下达的 59 个农村环境整治项目进度。目前，各项目已完成招投标程序，正在加紧开工建设，工程进度过半。上半年创建泾源县六盘山镇国家级生态镇、原州区河川乡等 3 个自治区级生态乡镇，创建原州区张易镇驼巷村等 5 个生态村。

（七）规范监测，为决策和管理服务

积极申请项目，投资 108 万元为固原市区 3 个空气自动站更新了二氧化硫、二氧化氮、可吸入颗粒物监测设备。按照监测规范要求，对全市 7 个集中式饮用水源地、5 条河流以及 6 家重点污染源以及市区大气、噪声、沙尘天气、降水等进行了全面监测，2015 年上半年共取得监测数据 191092 个，并在固原市电视台发布了市区环境空气质量日报，在市政府网和《固原日报》、固原环保网上发布市区环境空气、地表水、声环境质量月报，最大化地满足了公众环境知情权，为各级政府决策和管理提供了监测服务。目前，固原市区环境空气质量良好以上天数 149 天，占上半年有效监测天数的 82.3%（较 2014 年同期上升了 0.5 个百分点），环境空气质量良好；泾河出境断面稳定在 II 类水质，茹河、清水河出境断面稳定在 V 类水质，葫芦河、渝河出境断面呈劣 V 类水质；声环境质量符合《声环境质量标准》；为应对突发环境污染事件，2015 年 6 月组织了一次环境突发事故应急监测演练。

（八）抓宣传提升公众环保意识

一是组织全局干部职工、企业负责人，邀请宁夏回族自治区环保厅法律顾问在市环保局开展了新《环境保护法》法律培训。二是牵头组织市水务局、六盘山热电厂、云雾山国家级自然保护区、宁夏师范学院等单位，在中山街摆放宣传展板、设立咨询台、发放宣传资料，广泛开展宣传活动。三是与自治区环保厅联合在憩园广场开展全区“6·5”世界环境日巡回展。四是在环境问题较多的小区，采取悬挂宣传标语、摆放宣传展板，发放宣传彩页、环保手册、环保宣传扑克、环保购物袋，设立环境污染投诉受理台，现场受理群众污染投诉，解答群众环境投诉方面的疑难问题，现场查处群众环境污染投诉，向群众宣传介绍“12369”环境投诉受理的范围和办理程序等形式。五是 6 月 17 日，邀请人大代表、政协委员、专家学者、民主监督员、行风监督员、群众代表及新闻媒体，在宁夏金昱元广拓能源有限公司、中铝宁夏能源集团有限公司六盘山热电厂供水分厂、市环境监测站化验室、市“12369”环境举报、投诉及在线监控中心、固原银联机动车检测服务有限公司开展了环保“公众开放日”活动。

（九）扎实开展机关作风建设活动

扎实开展“守纪律，讲规矩”主题教育、下基层“三同六送六帮”暨下农村送政策促发展、纠正“为官不作为”专项整治、“三贴近”服务型党组织创建、群众评议机关和干部作风等活动及“三严三实”专题教育。通过以上活动的开展和厘清“三个清单”、落实岗位责任制、首问负责制、责任追究制等服务制度，党的建设、廉政建设、作风建设、服务水平、工作效率得到了进一步提升。

二、固原市生态环境建设中存在的问题

（一）环境形势依然严峻

固原市境内河流主要为季节性河流，无环境容量，尤其是渝河、葫芦河境内流程短，就是没有工业污染也难以承受来自群众生活废水的压力，

排污总量大与环境容量小的矛盾比较突出。随着城市化进程的加快、工业的发展、畜禽养殖业的扩大，固体废物处置率低，农业面源污染比较突出，机动车增长迅速，尾气污染不容忽视。

（二）环境基础设施滞后

固原市长期以农业为主，工业少底子薄，环境污染治理投入少，历史欠账多，环境保护基础设施和生态保护建设滞后，特别是生态监测还未开展，难以为管理提供良好的支撑。

（三）环境纠纷增加且难以处理

随着经济社会的发展，生活水平的提高，人民群众对环境的要求与日俱增，在污染投诉增加的同时，处理难度也逐渐加大，易引发社会矛盾和群体性事件，从而危及社会安全和稳定。

（四）生态文明建设意识有待提高

经济发展了，生活水平提高了，但公众普遍的环境素养与法律意识还不强，与生态文明建设的要求还有很大差距，环境保护参与综合决策能力不足。粗放型的发展模式仍未从根本上改变，牺牲环境发展经济破坏生态环境的行为还时有发生；高消费、过度包装、随地乱抛弃垃圾等与生态文明建设极不适应；追求利润、过度开发消耗资源、污染环境等行为屡禁不止。

三、进一步改善固原市生态环境的对策建议

面对资源越来越紧缺、环境污染越来越严重、生态系统日益退化的严峻形势，必须树立尊重自然、顺应自然、保护自然的生态文明理念，把生态文明建设放在突出地位，融入经济建设、政治建设、文化建设、社会建设各方面和全过程，努力建设美丽固原，实现全市经济社会可持续发展。

（一）建立和完善制度体系，落实生态文明建设责任制

以生态功能区划为先导，将环境保护和生态建设纳入全市经济社会总体规划，明确优先保护区、限定开发区、禁止建设区，充分发挥环境保护参与宏观调控的先导作用；认真执行环境影响评价制度，完善建设项目竣工、环保验收等管理制度，从决策源头防范环境污染和生态破坏；进一步

明确政府的领导责任、部门的监管责任、企业的主体责任，建立健全并落实责任追究制度，设定生态环境质量红线、确定不可逾越的资源和能源消耗上限、污染物排放总量，形成有利于生态文明建设的法律法规体系、政策体系、管理体制和责任追究与奖励并重的奖惩机制。

（二）大力弘扬生态文明理念，推动生产和生活方式转变

加强生态文明宣传教育，增强全民节约意识、环保意识、生态意识，使节约资源和保护环境成为主流价值观。要推行绿色循环低碳的生产方式，工业生产要限制“两高一资”的粗放式增长模式，要大力推行清洁生产，减少污染物排放，持续推动节能减排；农业生产要充分利用大气、土壤、水污染低的区位优势，大力发展生态农业和绿色食品；在衣食住行游等各方面，解决反对奢侈浪费、讲排场、摆阔气等行为，减少使用一次性用品，限制过度包装。

（三）加大环境保护监管力度，实行环境保护问责制

严格执行环境保护法律法规，认真落实污染减排任务和目标，实行环境保护工作问责制，对违反环境保护法规和国家产业政策的污染环境、破坏生态的项目要坚决制止并依法惩处；对违法排污依法查处，情节严重的责令停业、关闭；落实环境保护目标责任制和考核评价制度，对那些不顾生态环境盲目决策、造成严重后果、不尽职履职的必须坚决追究其责任。

（四）加快污染治理，增加环境保护和生态建设投入

政府应根据经济社会建设需要，把环保和生态建设投入列入年度财政预算，在可能的情况下尽可能多投入；建设单位和生产企业要把环保纳入日常管理，建立和完善污染治理设施；积极推动和鼓励社会各类投资主体参与环保基础设施的投资、建设和运营，以加快环境保护基础设施和污染处理设施建设。

（五）做好宣传发动，鼓励公众广泛参与环保和生态建设

积极开展社会宣传，广泛开展环保生态建设“进企业，进社区，进校园”等活动，多形式向群众宣传开展环境保护和生态文明建设的重要意义，提高环境保护和生态文明的知晓率、支持率，为深入推进生态文明建设工作营造良好的社会舆论氛围。动员全社会力量参与环境保护，扩大群众的环境信息知情权、环境决策参与权和环境政策监督权，确保公众有效行使环境权利，建立政府监管、市场调节和公众参与相结合的新型环境保护综合机制，从而形成环境保护的最大合力。

推进生态文明建设，必须树立尊重自然、顺应自然、保护自然的生态文明理念，把生态文明建设融入经济建设、政治建设、文化建设、社会建设的各方面和全过程，真正下决心把环境污染治理好、把生态环境建设好，使美丽固原的梦想早日实现。

2015年中卫市生态环境报告

孙万学

中卫市生态环境工作坚持以改善环境质量为核心，以生态环境保护建设为保障，以满足公众对环境的基本需求为出发点和着力点，大力推进生态文明建设，守住生态环境质量底线，保障了生态环境安全。

一、中卫市生态环境建设取得的成效

（一）林业生态开发建设和植被保护成效显著

一是重点实施了腾格里沙漠防沙治沙、中卫工业园区绿化、生态移民区绿化、农田林网、村庄绿化、天然林保护、退耕还林、封山育林等林业生态工程建设项目，城乡生态环境得到有效改善。二是加快发展以枸杞、苹果、红枣为主的生态特色经济林，基本形成了以沙坡头区南山台扬灌区为主的苹果基地，以环香山地区为主的压砂地红枣基地，以中宁县清水河流域、沙坡头区兴仁镇、香山乡地区为主的枸杞基地和北部沙区的葡萄基地。三是园林城市建设品位提升。紧紧围绕创建国家园林城市，近年来重点实施了大河之舞主题文化公园、黄河湿地公园、“大绿量，多层次，全覆盖”新老城区景观带绿化改造、环城市森林公园等城市园林绿化提升工程，加大城市园林绿化管理力度，城市园林质量得到进一步提升。四是植

作者简介 孙万学，中卫市环保局自然生态环境和农村环境监督管理科副科长。

物保护工作不断加强。加强了林业有害生物监测和预防工作，在辖区南部香山及北部荒漠区开展了荒漠有害生物监测调查，加大了对蛀干、食叶害虫的综合防治工作。五是防沙治沙成效显著。通过“麦草网格固沙”“水旱并举”“五带一体”（固沙防火带、灌溉造林带、草障植物带、前沿阻沙带、封沙育草带）铁路防风固沙体系等综合治沙方法，北部沙区防风固沙体系进一步得到完善，荒漠化得到了有效控制，水资源及动植物进一步得到保护。截至 2014 年底，中卫市生态防护林 185.5 万亩、封山育林 134.4 万亩、退耕还林 256.1 万亩, 生态环境进一步改善。

（二）黄河生态建设和水资源开发利用保护效果明显

一是加强黄河生态建设。中卫市政府多年来一直重视流经中卫、养育中卫人民的黄河生态治理工作，先后在黄河两岸营造了黄河护岸林，开展了黄河湿地公园建设，黄河金岸林业工程建设及大河之舞一期、二期林业工程项目建设，不但改善了黄河两岸生态环境，保护了滨河南北路的畅通，而且提升了中卫黄河两岸的观赏品味。二是强化黄河水资源开发利用保护。中卫地区水资源主要以黄河水利用为主，其他地表水、地下水和非常规水使用非常有限，经济社会发展依赖限量分配的黄河过境水程度较大，同时中卫又是全国水资源最为匮乏的地区之一，黄河可利用水资源量非常有限，特别是在农业节水上要下大的力度。

（三）矿山生态环境得到切实保护和恢复

一是加大宣传力度，努力营造浓厚的保护资源舆论氛围。充分利用“安全生产月”“4·22 地球日”“6·25 土地日”等节日活动，把经常性宣传和集中教育相结合，增强了宣传的针对性和实效性，增强了矿山企业保护资源意识，为科学、合理开发保护矿产资源营造了良好的舆论氛围。二是严格准入机制，全面落实采矿权设置管理。通过科学编制矿产资源规划、土地利用总体规划、文物保护规划等，科学划定具有环境保护、文物保护、自然保护、风景名胜、基础建设功能的禁止区、限制区、允许区，纳入所有矿种，做到全覆盖，确保科学合理为企业配置资源。严格执行采矿权的出让、延续和转让相关制度及工作程序，进一步规范了矿业权市场建设。在开采过程中，要求矿山企业坚持边开采边治理的原则，有效地恢复和改善了矿区周边的生态环境。三是创新监管机制，着力规范矿山开发利用方式。为进一步规范开采，制定并提请市政府下发了《关于建立健全中卫市国土资源执法共同责任制的规定》，进一步明确了各相关部门的职责。与市法院研究出台了《中卫市关于构建司法审判与国土资源行政执法协调配合机制的意见》，加强共同执法力度。在加强日常巡查的基础上，会同公安局、水务局、环保局、安监局等部门进行联合执法，重点对非法开采、乱采滥挖、越界开采、无证勘查和以采代探等非法行为严厉打击。通过经常性巡查和联合集中整治，消除了矿山安全隐患，有力地遏制了非法采、探矿产资源行为。

(四) 环境污染综合治理得到显著加强，环境质量持续改善

一是积极开展环境保护宣传教育。通过组织集中开展“6·5环境日”广场环保法律宣传咨询活动、广场环保专题文艺演出活动、“12369”环保热线进社区等活动，进一步宣传了环保法律法规知识，展示了中卫市在环境监管能力和企业污染治理能力建设取得的成果，营造了保护环境的良好氛围。二是强化项目管理，从源头控制新污染物产生。认真执行建设项目“三同时”制度，规范项目审批，切实履行环保前置审批权，建设项目的环境管理覆盖面不断扩大，从以工业建设项目环境管理逐步覆盖农业、生活等建设项目的环境管理，从以污染防治为重点的建设项目环境管理逐步覆盖到以污染防治和生态保护并重的环境管理。三是强力推进污染减排工作。认真落实工程减排措施，制订中卫市2015年污染物减排计划，与重点排污单位签订减排目标责任书，落实减排目标。中卫市全市确定废水工程治理的减排项目62个、废气项目12个。继续推进落后产能淘汰，对列入减排计划的工业企业实行关停、淘汰落后产能生产线等措施。监督中卫工业园区工业企业污水进入工业园区污水处理厂进行处理，减少对地下水源的污染，并进一步提高工业园区的工业用水循环使用率。加快新材料循环经济示范区一般工业废渣处理厂等项目的建设力度和速度，狠抓重点企业的脱硫、脱硝设施工艺技术改造和废水深度治理，使污染物排放浓度达到国家新的排放标准要求。加强污水处理和固体废物污染治理能力建设，市政府投资对工业园区污水处理厂进行提标改造，实施中水回用项目，全市共建成垃圾填埋场3座，工业固废填埋场1座，医疗废物处理中心1座。全面取缔了城区燃煤锅炉以及淘汰了黄标车，全市共取缔建成区燃煤茶浴炉52家68台180吨，淘汰黄标车老旧机动车4885辆，开展机动车辆尾气检测，实施尾气达标准许运行规定。支持规模化畜禽养殖场进行治污设施的建设，提高粪便资源化综合利用，减轻农业面源污染程度。

（五）环境执法监督管理工作得到显著加强

一是强力推进环境保护制度改革创新。认真开展全市“十三五”环境保护规划和海兴开发区环评规划编制，深入推进市生态文明体制改革任务，研究制定生态文明综合考核评价制度。配合中卫市委、市政府筹备召开全市环保工作誓师大会，出台《关于全面加强环境保护工作的实施意见》《中卫市环境违法行为举报奖励办法》《中卫市公职人员环境保护问责办法》等环境保护意见和办法，建立以“8个体系”（政府领导责任体系、产业规划引导体系、企业主体责任体系、部门依法监管体系、人大依法监督和政协民主监督体系、第三方环保技术支撑体系、工业园区环保协同体系、媒体和社会舆论监督体系）为主要内容的“8+2”长效机制。努力争取中卫市委、市政府对全市环保工作的支持，为中卫市环保局增加18名编制，按“一正两副”标准配备市环境监察支队领导班子。二是组织开展中卫市工业企业环境安全大排查、大整治活动。认真贯彻落实中卫市环保工作誓师大会精神，按照《全市工业企业环境和安全隐患大排查大整治实施方案》，中卫市委成立了12名市级领导牵头，180多名干部参战，自治区环保厅领导和专家组、督导组24人现场指导的6个排查组，严格按照“一个企业都不放过，一个产生污染的环节都不放过”的要求，开展了全市环境和安全大排查大整治。整治工作突出重点行业和重点企业，以自治区环保厅和环保部挂牌督办的、媒体曝光指出的、中办调研组调研发现的环境突出问题为整治重点，采取行政、法律和公众监督相结合的方法，监督重点企业和排污单位开展污染集中整治。三是不断加大环境信访工作。面对群众维护环境利益意识的增强和环境污染纠纷增多的新形势，在创新处理环境纠纷方法上下功夫，及时处理环境污染事故和污染纠纷。共受理处理各类环境污染投诉案件374件，其中市长信箱74件，12369环保投诉292件，区厅转办8件，所受理投诉信访案件做到件件有回音，事事有着落。

（六）环境监测工作得到进一步加强

紧紧围绕说清环境质量、污染物排放状况的总体要求，开展重点企业监督性监测、中卫典型区域水环境质量监测、企业自行监测工作。对纳入国控重点源并具备监测条件的企业实施季度监督性监测及在线监测设备比对性监测。建立环境监测指标信息定期发布公告制度，每日通过中卫电视台天气预报栏目向广大市民播报当日沙坡头区、中宁县、海原县环境空气质量状况，每周在《中卫日报》发布黄河水质自动监测数据和水质状况。编印沙坡头区环境质量月报、季报、半年报、年报，每月以简讯形式将沙坡头区当月环境质量监测评价概况发布于《中卫日报》。

（七）城乡环境综合整治力度进一步加强

一是积极争取环保专项资金，不断加大对环保设施的建设力度。近年来，先后争取国家农村环保专项资金近3亿元，实现了项目全覆盖。购置垃圾收集车、垃圾收集箱，建设填埋场、垃圾中转站。铺设生活污水收集管网，建设生活污水处理人工湿地、一体化污水处理设施，农村生活垃圾收集和生活污水处理得到进一步加强。二是城乡环境卫生明显改善。近年来，中卫市委、市政府将旅游优先发展置于城市发展四大战略之首，力争将中卫打造为休闲、宜居的生态文明城市，市区“以克论净，深度清洁”模式得到了宁夏回族自治区政府的肯定，优美的环境成为中卫市最好的名片。在农村环境整治方面，市政府先后印发《中卫市村庄和集镇规划建设管理实施办法》《中卫市农村垃圾集中收集处理管理办法》《中卫市村庄环境管理办法》《沙坡头区农村垃圾集中收集处理工作考核办法》等规范性文件。建立了“户分类，村收集，乡镇转运，市县处理”的垃圾收集转运处理长效机制。沙坡头区积极推行乡镇管理为主、行政村配合的运行模式，农村垃圾无害化处理率达85%以上。中宁县探索建立了“户保洁，村收集，镇转运”的长效管理机制，按照定人、定岗、定责、定路段分片包干的办法进行收集清运，农村生活垃圾得到及时有效处理。三是积极开展创建国家级、自治区级生态乡镇、生态村活动。加强了对创建工作的指导，共创建国家级生态乡镇3个、自治区级生态乡镇10个、生态村18个，通过创建活动的开展，更好地促进了农村环境的整治工作，增强了群众环保意识，以点带面，树立农村环境整治示范效应。四是城乡集中饮用水源地得到进一步保护。通过加强对集中式饮用水源地界桩、界碑、警示牌、围网等的保护性措施，搬迁关闭水源地企业，保证了饮水安全。城市集中式饮用水源地水质达标率达到100%。

二、中卫市生态环境建设中存在的问题

（一）生态林建设方面

一是生态环境十分脆弱。中卫市现有土地面积大部分为没有灌溉条件的山区和干旱荒漠区域，自然条件较差，大面积宜林荒山荒沙还没有得到有效治理，植被稀少，地表裸露，水土流失依然严重，生态环境还十分脆弱。

二是资金投入不足。中卫市为经济欠发达地区，对林业生态保护和建设的投入有限。目前林业生态建设费用主要依托国家投入的项目资金，而国家项目支持的资金有限，投入不足和林业生态建设发展的矛盾日益突出，且后期管护资金无法落实，林业生态保护形势严峻。

（二）黄河水资源开发利用保护方面

随着近年来市县城镇化的发展，生态景观用水和工业发展刚性需水与水资源紧缺的矛盾日益严重，水资源短缺已成为制约经济发展的主要因素。

（三）矿产资源联合执法方面

机制还不健全，个别群众法律意识淡薄，非法开采现象依然严重。

（四）环境保护方面

一是一些企业对环境保护的认识还不高，保护环境的意识还不强，对治理污染不够重视，存在侥幸心理。只求治污过得去，不求治污过得硬的思想依然存在。二是一些企业虽有污染物治理设施，但不配套，污染物治理能力弱，治理水平不高。

三、进一步加快中卫市生态环境建设的对策建议

（一）生态林建设方面

目前和今后一个时期，中卫市林业生态建设坚持生态效益与经济效益相结合，自然修复与人工建设相结合，保护资源与开发利用相结合，国家重点工程与地方绿化项目相结合，自然物景与生态文化相结合，大力实施“三个百万亩”基地建设战略，全力推进“六大林业工程”，进一步加强防沙治沙工作力度，加快城乡绿化发展步伐，全面推进林业产业快速发展，加大林业行政执法的力度，重视和加强森林资源管理，继续推动自然保护建设和湿地保护，深化林权制度改革，全力推动林业生态建设科学发展、创新发展、跨越发展，倾力打造“美丽中卫”“生态中卫”。

（二）黄河水资源开发利用保护方面

面对当前形势，一是按照自治区水利厅分配给中卫市的取用水权指标，加强最严格的水资源管理制度，全力实施节水型社会建设。二是根据宁夏空间发展战略规划，加快中卫市城镇化发展，统筹农业、工业、生活、生态用水，加大工业发展比重，加强生态环境治理。一方面加大措施节水，另一方面要为社会发展的生态补水和工业生活提供充足的水资源。严格市场准入，淘汰落后的用水工艺、设备和产品，限制高耗水、高排放、高污染、低效率、产能过剩产业，避免对水资源的过度使用和排放，减少对当地地下水和自然环境的污染，真正把水资源使用当成“红线”水权指标进行管理。

（三）矿产资源联合执法方面

充分发挥国土、公安、司法、交通、安监、环保和各镇（乡）等多家单位的职能优势，按照“各自职责”“分工负责”“通力协作”“联合执法”的原则，建立多部门的联合执法监督管理长效机制，形成合力，严打严查，确保矿产资源开发利用秩序依法、规范、有序。

（四）环境保护方面

牢固树立保护生态环境就是保护生产力、改善生态环境就是发展生产力的理念，以更大的决心、更有力的举措，切实抓好环境问题，坚守生态

红线。继续深入学习宣传新《环保法》、中央《关于加快推进生态文明建设的意见》及习近平总书记系列重要讲话精神，引导干部群众牢固树立生态文明和可持续发展理念，营造全社会重视环保、参与环保、支持环保的浓厚氛围。建立健全环保工作长效机制，全面实施行政执法和刑事司法联动机制，把环保工作纳入法制化轨道，努力实现中卫环保事业永续发展，为新常态下转方式、调结构、推动科学发展奠定坚实的基础。

附　录

宁夏生态环境大事记

(2014年12月—2015年11月)

李晓明

2014年12月

9日 自治区环保厅通报11月全区环境质量信息：11月份，全区环境质量总体稳定，其中，银川市环境空气质量与去年同期相比有明显改善，2014年前11个月，首府银川市优良天数已达到261天，比例为78.1%，同比增加了18天。

17日 自治区环保厅与宁夏气象局发出通知，将联合开展今冬明春重污染天气预报预警工作。建立重污染天气监测预警应急体系是《宁夏大气污染防治行动计划》重点任务之一。

19日 环境保护部近日通报实施空气质量新标准第三阶段监测进展情况，在开展这项工作的全国21个省（区）177个城市中，宁夏排名第一序列，这标志着宁夏率先实现了地级市环境空气质量新标准监测全覆盖。

23日 国务院办公厅印发《关于公布内蒙古毕拉河等21处新建国家级自然保护区名单的通知》，批准新建国家级自然保护区21处，宁夏南华山自然保护区名列其中。南华山是宁夏中南部干旱带上重要的水源涵养基地，与贺兰山、罗山、六盘山由北向南构成了宁夏巨大的生态屏障链，其

作者简介 李晓明，宁夏社会科学院助理研究员。

在解决周边地区人畜饮水、发展农业等方面发挥着重要作用。

25日 从自治区环保厅获悉，经严格审核并公示，贺兰县立岗镇、农垦集团前进农场近日被环保部命名为国家级生态乡镇；盐池县麻黄山乡、固原市原州区头营镇等12个乡镇被命名为自治区级生态乡镇；平罗县姚伏镇高路村、海原县李旺镇红圈村等12个村被命名为自治区级生态村。生态创建工作是自治区政府2014年为民办10件环保实事之一，也是提升农村环境保护的重要抓手。2007年以来，宁夏创建国家级生态乡镇22个，国家级生态村4个，自治区级生态乡镇87个，自治区级生态村108个。

26日 自治区环保厅、财政厅联合出台的《宁夏环境违法行为有奖举报办法》正式实施，鼓励实名举报环境违法行为。

2015年1月

1日 自治区十一届人大常委会第十三次会议审议通过的《宁夏回族自治区空间发展战略规划的条例》于2015年1月1日起正式实施，以地方立法的形式将空间规划的编制、修改、实施、监督纳入法制化轨道。

5日 自治区党委办公厅、政府办公厅印发《关于加强和改进节约集约用地管理的若干意见》，从改革建设用地管理、改革工业用地利用方式，推进土地利用试点和农村土地管理改革等方面，提出加强和改进节约集约用地管理的22条意见。

8日 宁夏《关于深化改革保障水安全的意见》正式出台，明确了总体要求、主要任务和改革举措，这对于以水安全保障全区经济社会生态发展安全，为建设开放、富裕、和谐、美丽宁夏提供重要支撑具有重要意义。这项重要改革打破了厅局在涉水职能上的条块分割，在全局和战略上提出建设水资源、水供给、水环境、水生态、水工程“五位一体”的水安全体系，打包推出一系列改革办法和工作措施，保障宁夏水安全。

9日 据自治区林业部门统计，2014年，全区共完成营造林129.8万亩，完成计划的108.2%，义务植树超过1000万株；全区生态移民迁出区完成人工修复72.7万亩，完成年度计划的111.8%，双双超额完成任务。

21日 自治区环保厅出台《全区农村环境质量试点监测实施方案》，

正式启动农村环境质量试点监测工作。全区农村环境质量试点监测范围覆盖所有地级市，涉及监测10个县（区）、30个村庄。主要监测环境空气、地表水和饮用水水源地水质、土壤环境质量、生活污水处理设施出水水质和自然生态质量。此次纳入监测范围的县（区）有永宁县、平罗县、红寺堡区、盐池县、同心县、西吉县、泾源县、隆德县、彭阳县、海原县。

23日 自治区十一届人大四次会议作出决议，批准了宁夏空间发展战略规划，标志着国内首个全省域空间发展战略规划上升到法治层面。《宁夏空间发展战略规划》明确提出了生态保护空间目标，全区将划分为禁止建设区、限制建设区和适宜建设区，其中禁止建设区和限制建设区面积将控制在4.76万平方公里左右，林业生态红线划定的区域基本都在禁止建设区和限制建设区内。

自治区十一届人大四次会议通过的政府工作报告提出：加强生态环境保护，强化“绿水青山就是金山银山”的理念，严守生态红线，保护好美丽宁夏的亮丽名片。

2月

1日 2014年宁夏十大天气气候事件评选结果日前揭晓，依次为：南部山区4月下旬雪量之大创近54年纪录；2013/2014年冬季初雪之晚创近54年纪录；8月15—17日强对流天气造成严重灾害；2014年遇近54年“最暖”春节；降水大风沙尘暴齐聚五一劳动节；全年降水日数多，全区平均年降水量为1991年以来最大；7月8日海原遭受暴雨袭击；6月18日西吉、泾源遭受暴雨袭击；晚春遭遇霜冻灾害；“开斋节”假期出现高温天气。此次活动由宁夏气象局和宁夏新闻网联合举办。

住房和城乡建设部近日公布“2014年中国人居环境范例奖”获奖名单，宁夏中卫市商住小区水源热泵供热建筑应用项目和青铜峡市库区湿地生态保护建设项目名列其中。截至目前，宁夏已有14个项目获得中国人居环境范例奖。

2日 自治区环保厅召开厅党组扩大会议，传达学习自治区两会精神，决定率先在全国实现农村环境综合整治全覆盖。

3日 全区林业工作会议召开，宁夏确定今年加快发展生态林业、民生林业、经济林业，通过深化林业改革、依法治林和生态修复等，全力推进生态文明和美丽宁夏建设。

9日 从自治区环保厅获悉，宁夏正式启动土壤环境质量监测，全区共布设328个土壤环境质量监测国控点位。

10日 从宁夏湿地保护管理中心获悉，随着宁夏平罗天河湾湿地公园被国家林业局确定为国家湿地公园试点单位，宁夏已有12个国家湿地公园(试点)。湿地总面积2.8万公顷，占全区湿地总面积的13.5%，人均拥有国家级湿地公园面积42.3平方米。这12个国家湿地公园（试点）分别是银川(鸣翠湖、阅海园区)、黄沙古渡、鹤泉湖，石嘴山星海湖、镇朔湖、简泉湖，吴忠黄河、太阳山、青铜峡库区，固原清水河，中卫天湖，平罗天河湾国家湿地公园（试点）。

11日 全区环境保护工作电视电话会议召开，会上传达学习了自治区党委书记李建华、自治区主席刘慧、自治区政协主席齐同生对环保工作的重要批示精神。明确宁夏环保今年重点攻坚三大环保战役，分别涉及大气污染防治、水污染防治以及土壤污染防治。

13日 宁夏环保开出的首份按日计罚罚单。银川兄弟彩兴化工有限公司因废水超标排放且拒不改正，被银川市环保局按日累加处罚，共计罚款18.9万元。这是新《环保法》实施后，宁夏环保开出的首份按日计罚罚单。

3月

3日 银川市公布生活垃圾分类试点工作实施方案。根据方案，社区将向居民分发灰、蓝两色家用标准收集桶，灰蓝绿红四色垃圾袋，倡导市民将家中垃圾分成干、湿、再生资源类、有毒有害类四类。

6日 中华环保世纪行——宁夏首府行动组委会举行新闻发布会，宣布2015年中华环保世纪行——宁夏首府行动正式启动，今年的主题为“推动蓝天工程，建设美丽银川”。

11日 从银川市环保局获悉，银川市城市燃煤锅炉烟尘治理项目获得7730万元中央预算资金支持，其中44个供热、工业燃煤锅炉房，以及6

家单位的6个煤改气项目列入改造范围。

16日 自治区政府办公厅发出全区环境保护大检查督查令：由自治区政府组织，环保、发改委、经信委、公安、国土资源、住建、水利等7部门组成6个督查组，即日起至12月，每月分赴各市、宁东地区、国控区控重点企业开展环境保护大检查，按月上报督查结果。

22日 第23个世界水日，宁夏水利部门深入银川市三区各大广场、商业街、居民小区举行以“水与可持续发展”为主题的宣传活动，向市民宣传节水知识，增强公众保护水资源的意识。

23日 从自治区发改委窗口获悉，国家能源局批复了《宁夏创建新能源综合示范区实施方案》，宁夏国家新能源综合示范区建设将进入新阶段。

25日 《石嘴山市水生态文明城市建设试点实施方案》通过了水利部审查。标志着石嘴山市水生态文明建设试点工作方案编制阶段工作顺利完成，试点工作将全面展开。2014年5月，石嘴山市被水利部列为全国第二批水生态文明建设试点城市。

4月

9日 自治区政府出台严格规范和约束环境保护执法行为规定，确定今后宁夏将实施生态环境损害责任终身追究等制度，各市、县（区）政府主要领导执行环境保护法规政策、落实环境治理目标责任制等情况均列入官员审计范围。

自治区政府办公厅发出《关于加强环境监管执法的通知》，明确宁夏将采取综合手段，以高压态势严厉惩治环境违法行为。

10日 宁夏保护黄河绿化行动在沿黄各县（市、区）正式启动。今年起，宁夏将利用3年时间，通过滨河防护林体系改造提升、高标准农田林网建设、沿黄城市带及美丽乡村建设和沿黄经济林提质增效行动，在沿黄各县（市、区）造林及改造80万亩，抚育森林13.7万亩，使沿黄县（市、区）森林覆盖率达到16.8%，同时恢复湿地2.93万亩。

自治区政府办公厅下发《关于限期淘汰城市建成区域燃煤茶浴炉的通知》，要求全区各市、县（市、区）和宁东能源化工基地城市建成区，在今年年底前全部淘汰燃煤茶浴炉。这标志着在宁夏城市建成区存在了上百年的燃煤茶浴炉将彻底退出历史舞台。

11日 宁夏民族团结青年林项目在银西防护林带启动。由自治区民委、自治区团委、自治区林业厅联合启动的“保护母亲河，美丽中国梦”——2015年度民族团结青年林项目，计划在银西防护林带种植民族团结青年林50亩，安放纪念石碑1块，整修简易道路500米，项目预算总额为66.8万元。今后，宁夏将以“民族团结青年林”示范性项目为牵引，依托宁夏生态文明促进会各环保社团骨干力量，广泛开展集中性植树造林活动，教育引导广大青少年增强民族团结、爱绿植绿护绿意识，积极参与环保理念宣传和生态保护实践，为建设开放富裕和谐美丽宁夏做贡献。

12日 自治区政府办公厅发出通知，明确自治区发改委、财政厅、环保厅等8部门，围绕“治煤，治水，治车，治尘，治土，治危”等6项内容开展环境治理行动。

15日 自治区环保厅发布的3月份全区环境质量分析评价报告显示，宁夏3月份环境质量状况总体稳定。其中，5个地级市的城市环境空气优良天数比例达70.3%。

18日 中民投宁夏（盐池）国家新能源综合示范区开工奠基仪式在盐池举行，这是自去年中民投同心20万千瓦光伏项目开工后，中民投与宁夏的又一合作项目落地，标志着双方的战略合作实现了新的突破。该项目一期总投资约150亿元，将建成2000兆瓦光伏发电项目和风、光、生物质、储能多元互补可再生能源发电系统，以及绿色现代牧业养殖示范基地、绿色现代牧草种植示范基地、全球最大光伏旅游基地等项目。

22日 “宁夏生态修复和多功能林业综合研究中心”揭牌成立。该中心由宁夏林业厅和宁夏农科院共同发起，由区内外专家组建创新团队，开展林业技术研究和示范推广，由此，“美丽宁夏”建设有了科技支撑。

5月

4日 据宁夏草原监理中心发布的《2014年宁夏回族自治区草原资源与生态监测报告》显示：2014年，宁夏退牧还草工程区内，草原植被盖度与以往相比，平均提高 4.3 个百分点。退牧还草工程正让宁夏草原生态环境逐步得到改善。

9 日 世界银行贷款宁夏黄河东岸防沙治沙项目区检查评估团对盐池县项目中期实施情况进行全面检查与评估，检查评估团对盐池县项目实施质量、创新绿化能力等表示充分肯定。据了解，2013 年世界银行贷款宁夏黄河东岸防沙治沙项目落地以来，盐池县项目实施总面积为 18.787 万亩，已通过扎设草方格、修建防火墙等措施，基本建立起稳定的植物群落，高质量实施项目，为全面构建和完善项目区完整的生态体系、发达的林业产业体系及生态文化体系提供了有力支持。

10 日 银川市启动 2015 年全国城市节约用水宣传周工作，对“建设海绵城市，促进生态文明”主题进行宣传。

11 日 从自治区林业厅获悉，《宁夏林业生态红线保护纲要》（以下简称《纲要》）即将出台。根据《纲要》，宁夏将划定林地和森林、湿地、荒漠植被、物种保护四条林业生态红线，确保实现《宁夏空间发展战略规划》提出的生态保护空间目标。

14 日 自治区政府在银川召开节能目标考核反馈会。5 月 12 日至 14 日，国家节能考核组一行深入吴忠、青铜峡等地和有关用能企业，对宁夏 2014 年度节能目标完成情况和措施落实情况开展现场评价考核。考核组对宁夏扎实推进节能工作的政策和措施给予了充分肯定，通报认为，宁夏初步完成 2014 年度节能目标、“十二五”进度目标和年度能源消费控制目标。

17 日 宁夏循环农业产业联盟成立，将借助循环农业龙头企业的科研技术、宁夏农业综合开发资金和宁夏农业的产业资源优势，重点解决宁夏循环农业在制种、生物农药以及收割等方面的瓶颈问题，以推动宁夏循环农业健康可持续发展为目标，发展绿色无公害农业产业。

19 日 由宁夏地矿局水环院承担的“宁夏沿黄经济区水文地质环境地质调查”项目 2015 年工作日前全面启动。该项目将围绕宁夏沿黄经济区建设需求，圈定出该地区具有供水意义的地下水水源地，为宁夏沿黄经济区规划建设提供依据。

从自治区住建厅获悉，宁夏推荐银川市西夏区镇北堡美丽小城镇建设项目、兴庆区通贵乡河滩中心村项目申报2015年中国人居环境范例奖。中国人居环境范例奖是我国参照联合国人居环境奖设立的一个政府奖项，表彰在改善城乡环境质量，提高城镇总体功能，创造良好的人居环境方面作出突出成绩并取得显著效果的城市、村镇和单位。

26日 银川南郊饮用水水源地达标能力建设通过黄河水利委员会水资源保护管理局的审查评定，24个水质监测项目全部达到III类标准，水质达标率100%。被列入全国第一批水质优良水源地，位居黄河流域9省区前列。

宁夏首家生态农产品联盟——固原市六盘山生态农产品联盟成立。

27日 从自治区环保厅获悉，因排污申报核定与排污费征收考评连续4年获全国一等奖，宁夏受到环保部表彰。

28日 2015中阿博览会——中国（宁夏）国际节水展览会在银川国际会展中心隆重开幕。展览会旨在贯彻落实习近平总书记“节水优先，空间均衡，系统治理，两手发力”治水方针；展示近年来宁夏节水型社会建设成果；搭建国际交流合作平台，分享国内外水资源高效利用的先进经验，共商水资源高效利用大计。

29日 中国（宁夏）国际水资源高效利用农业节水专题论坛召开，来自国内外农业节水专家、学者、企业家出席会议，围绕如何高效利用水资源、促进农业可持续发展这一主题，探讨节水农业发展新途径。

6月

1日 宁夏从6月1日起将全面推行中小学教科书绿色认证，今年秋季学期开学后，广大中小学生拿到手的教科书都将是绿色环保书。今后，中小学生教科书将全部由取得绿色印刷认证的印刷企业印制，并强制使用绿色环保的纸张、油墨等原材料。

5日 宁夏在银川市光明广场举行世界环境日暨环境教育宣传月活动。根据新《环保法》，每年6月5日为中国环境日，今年的主题是“践行绿色生活”。

15日 自治区人民政府机关事务管理局与自治区节能减排工作领导小组公共机构节能工作办公室联合在第25个全国节能宣传周（2015年6月

13日至19日）和2015年全国低碳日（6月15日）来临之际，发出倡议书，为广泛宣传生态文明主流价值观，积极推进节约型公共机构创建工作，倡导节能节约、绿色消费与低碳环保的生活方式，大力宣传低碳发展理念，进一步增强全区各级公共机构用能人员的节能意识，发挥公共机构在全社会节能中的表率作用。今年我国第三个全国低碳日的主题是“低碳城市：宜居可持续”。

7月

1日 银川市河东生活垃圾填埋场封填工程进入收尾阶段，这标志着银川市告别了生活垃圾填埋处理的历史，99%的生活垃圾会用于焚烧发电。

2日 国家发改委等部委批准了2015年园区循环化改造示范试点园区，宁夏宁东能源化工基地被列入其中，成为继石嘴山市、中宁县、平罗县后的第四个列入园区循环化改造示范试点项目。

9日 自治区政府制定并出台了《宁东能源化工基地2015年—2022年环境保护行动计划》，通过不断提高执法能力和监管水平，逐步建成生态工业园区和国家级循环经济示范区，实现宁东基地资源节约、环境友好、持续发展。

18日 首批国家级林下经济示范县认定工作结束，宁夏隆德、彭阳两县光荣上榜。此次，全国共认定了127家国家级林下经济示范基地，其中78个县（旗）、49家企业。

23日 银川将对辖区企业2014年环保行为信用等级进行评价，评价结果纳入银川市诚信建设体系。银川市将依照《银川企业环保行为信用等级评价办法》及《银川市企业环保行为信用等级评价指标》，开展企业环保行为信用等级评价工作，主要评价内容包括企业污染物排放、总量控制、环境管理、守法经营、社会环境行为等。企业环保行为信用分为4个等级，AAA级为环保信用好企业，AA级为环保信用较好企业，A级为环保信用一般企业，B级为环保信用差企业。

24日 宁夏草原确权承包登记试点工作在盐池县青山乡正式启动，青山乡作为宁夏首家草原确权承包登记整乡推进试点，今年年底将全面完成试点工作，为宁夏2016年全面推广草原确权承包登记工作探路。

25日 在中国花卉协会2015年常务理事会议暨第九届中国花卉博览会举办城市评定会议上，银川市被确定为2017年第九届中国花卉博览会的举办城市。这也是中国花博会首次在西北地区举办。

29日 环保部通报了会同国家统计局、发展改革委对2014年度各省区市和8家中央企业主要污染物总量减排情况考核的公告。公告显示，宁夏超额完成国家下达的四项主要污染物减排目标任务。

31日 自治区第十一届人大常委会第十八次会议审议通过了《宁夏回族自治区实施〈中华人民共和国水土保持法〉办法》修订案。这部1994年制定实施、1997年修正的法规，如今再度经人大常委会全面修订，其实用性、操作性更强，将对宁夏预防和治理水土流失，保护和合理利用水土资源，改善生态环境等发挥重要作用。

8月

3日 随着新一轮退耕还林还草工程正式启动，历时15年的宁夏第一轮退耕还林还草工程划上圆满句号。2000年以来，宁夏共完成退耕还林任务1305.5万亩，相当于一个银川的面积，涉及153万退耕农民。《宁夏新一轮退耕还林还草工程实施方案（2015—2020）》明确，未来6年宁夏退耕总面积163万多亩，预计需要中央投资21.5亿元。通过新一轮退耕还林还草工程的实施，可以使宁夏森林覆盖率到2020年超过16.8%。

自治区环境保护厅公布了五市6月份环境空气质量状况，这是宁夏首次通过媒体公布五市空气质量排名。今后，宁夏将定期公布五市空气质量排名。按照考核要求，今年宁夏可吸入颗粒物（PM10）浓度要比去年下降20%，银川、石嘴山、吴忠、固原和中卫市要分别比去年下降20%、22%、20%、15%和21.9%，环境空气质量改善任务艰巨。

宁夏退耕还林还草工作会议在银川召开。会议贯彻落实国务院批准实施的《新一轮退耕还林还草总体方案》，总结2000年以来全区退耕还林还草的成绩和经验，安排部署新一轮退耕还林还草工作任务。

自治区减灾委办公室、自治区民政厅于8月3日9时启动旱灾救助Ⅲ

级应急响应。今年以来，宁夏持续高温晴热天气导致旱情蔓延。截至 8 月 5 日 10 时，旱情已造成宁夏 12 个县区、78 个乡镇 86.2 万人受灾。农作物受旱面积 140 千公顷，绝收 50 千公顷，因旱饮水困难大牲畜 42 万头只，直接经济损失 4.3 亿元。

5 日 永宁县环境监测站、PM2.5 空气自动站建成投运，实现了对大气污染、工业废水、生活废水、沟渠湖泊地表水、集中式饮用水源、乡镇污水站的环境全面监测。

中国和以色列合作实施的贺兰山东麓高效节水灌溉项目正式启动。该项目总投资 4.88 亿元，涉及贺兰山东麓 13.8 万亩葡萄园。该项目从 2014 年起至 2017 年共实施 4 年。通过使用先进灌溉设备，利用水肥一体化技术，可使水的利用率提高 40%至 60%，肥料利用率提高 30%至 50%。该项目的实施，将为宁夏贺兰山东麓百万亩葡萄长廊建设提供宝贵的高效节水经验。

7 日 隆德与甘肃静宁县签署了跨界河流水污染联防联控框架协议，共同保护流经两地的水源，防范、治理跨界流域污染。

12 日 国家减灾委、民政部针对宁夏回族自治区近期严重旱灾给受灾群众造成的生活困难，启动国家Ⅳ级救灾应急响应，派出工作组赶赴灾区，查看灾情，协助和指导做好受灾群众生活救助工作。

“宁夏新十景·银川最美景观”表彰发布会在银川市行政中心举行。确定并公布了 16 个“银川最美景观”，分别是艾依春晓、滨河彩练、古堡新影、贺兰晴雪、黄河金岸、黄沙古渡、回乡风情、鸣翠荷色、神秘西夏、水洞遂迹、唐堤烟柳、峡谷兵沟、岩画天书、阅海览山、云帆舰影、中阿之轴。

16 日 宁夏首家清真产品包装智能环保技术工程实验室建成。这将填补宁夏清真包装环保技术的空白。宁夏清真产品包装智能环保技术工程实验室是由银川市富邦印刷包装有限公司研发，该实验室针对清真产品包装智能环保技术瓶颈问题，将开展纳米杀菌材料、隐形二维码、可食性油墨印刷等技术的研究。

18 日 宁夏水资源使用权改革的全面启动。宁夏水资源使用权改革的主要内容包括水资源使用权确权登记和水权交易试点。宁夏选定吴忠市红寺堡区、贺兰县、中宁县三个县区开展水权交易试点工作，并正在积极探索建立水银行、水市场。

20日 由中国观赏石协会、石嘴山市政府主办的第八届中国·宁夏·石嘴山园林奇石博览会暨塞上湿地文化旅游节开幕。

25日 全区林业安全生产电视电话会议召开，通过对全区260个森林防火区的排查，宁夏在自然保护区、天然林区、旅游景区共发现130个森林火灾风险点。从8月26日起，全区将全面开展林业安全生产事故隐患和森林火灾隐患专项整治行动，确保林业安全，严防事故发生。

31日 宁夏环境保护工作推进会议在银川召开。会议总结了今年以来宁夏环境保护和总量减排工作，分析面临的形势和问题，研究部署下一步工作。

9月

1日 新修订的《宁夏回族自治区实施〈中华人民共和国水土保持法〉办法》正式施行。2015年7月31日宁夏第十一届人大常委会第十八次会议审议通过了《宁夏回族自治区实施〈中华人民共和国水土保持法〉办法》修订案，自2015年9月1日起施行。标志着宁夏水土保持法制建设步入新的重要征程。

宁夏首座抗旱应急水库开闸蓄水。盐池县冯记沟乡的杜窑沟水库9月1日开闸蓄水，这是宁夏中部干旱带上一座重要的调蓄水库，也是宁夏第一个获批并投入使用的抗旱应急水库，该水库工程总投资5674万元，总库容为332万立方米，计划年内蓄水100万立方米。该水库成功蓄水后，将解决盐池县大水坑、花马池、王乐井等乡镇9.1万亩扬黄灌区和5万人的抗旱应急水源以及该县南部山区3万人的人饮安全。

2日 全区高效节水农业现场观摩座谈会召开。宁夏高效节水灌溉效益逐步显现，据测算，已建成的节水项目区可实现年均增加玉米、马铃薯等粮食产量3000万公斤，年均增加经济作物产值近5亿元。预计到年底，全区高效节水灌溉面积将达到230万亩。

11日 由农业部、自治区政府主办的2015中阿国家现代农业展暨中国（宁夏）园博会在宁夏园艺博览园开幕。本届园博会的主题为“神奇宁夏，丝路驿站，塞上江南，园艺博览”。

2015中国·阿拉伯国家绿化博览会昨天在银川绿博园开幕。中阿绿博会的成功举办，必将更有力地推动西北地区生态环境建设。

2015中国—阿拉伯国家环境保护合作论坛在银川开幕，论坛旨在围绕“绿色丝路与中阿环境合作伙伴关系”主题，共商中阿环境保护合作大计，共绘中阿可持续发展蓝图，实现互惠互利、合作共赢。

2015中阿博览会农业资源与可持续发展专题研讨会在银川国际交流中心召开。专家们认为发展生态农业不仅可以改善农村生态环境，对宁夏农业的可持续发展也具有重要作用。

固原市西吉县龙王坝村、原州区寨科乡东淌村、吴忠市利通区东塔寺乡穆民新村荣获2015年“全国生态文化村”称号，跻身今年评出的120个“全国生态文化村”行列。

16日 宁夏农村环境卫生综合整治现场会在泾源县召开。本次现场会的主要任务是贯彻落实全国农村生活垃圾治理工作电视电话会议精神，交流推广泾源县农村环境卫生综合整治工作经验，安排部署明年宁夏农村环境卫生综合整治工作。

24日 中宁县荣获“2015中国循环经济优秀发展区县”称号。9月24日在北京举办的“2015中国循环经济发展十年峰会”上中宁县荣获“2015中国循环经济优秀发展区县”称号。峰会以“绿色发展新引擎”为主题，对循环经济十年大事件和关键节点进行回顾和展望。

10月

10日 自治区政府督查室对贺兰山东麓葡萄产业核心区环境整治情况进行了督查，10月底前，宁夏将完成葡萄种植核心区的环境整治，对没有合法审批手续的砂石场、养殖场及污染物排放企业坚决予以关停取缔。

14日 从自治区农牧厅获悉，2015年宁夏草原生态保护直补资金达2亿多元，农牧户户均获得草原补奖政策性补助713元。按照国家草原补奖政策补助标准，2015年宁夏共为34.3万户农牧户发放禁牧补助资金1.551亿元，其中近18万户同时享受牧户生产资料综合补贴8927.9万元，两项共计2.444亿元。草原补奖资金均采取“一卡通”方式直接发放到农牧户手中。

21日 自治区召开宁夏中北部土地开发整理重大工程项目总结表彰大会，对在项目实施中的16个先进集体和40名先进个人予以表彰。历时5年的宁夏中北部土地开发整理重大工程项目圆满“收官”。

22日 自治区农牧厅、环境保护厅紧急发文，决定在全宁夏范围内开展为期两个月的焚烧秸秆专项整治工作。通知要求，各市县要迅速行动，成立由政府分管领导任组长，农牧、环保、林业部门及乡镇组成的专项整治小组，结合当前各地开展的秋季农田水利建设，采取措施，坚决杜绝焚烧秸秆现象。

银川职业技术学院垃圾分类正式启动，银川市学校垃圾分类工作全面展开。

23日 宁夏召开2015年冬季大气污染防治工作会议，确定通过控制燃煤、扬尘、工业企业污染治理等措施，强化冬季大气污染防治工作。

26日 自治区农牧厅与以色列外交部国际合作中心正式签署宁夏—以色列灌溉试验田谅解备忘录，双方确定，将在宁夏共建200亩现代农业示范区，这也标志着宁夏与以色列农业合作进入实质阶段。

28日 《银川市水生态文明试点城市河湖水系连通2016—2018年项目库》公布，项目库向水利部申报了银川市西北、西南和东部水系及永清沟上段与银子湖等10个水系连通整治工程。这些新项目总投资估算14.35亿元，将拓宽银川的水生态建设格局。

11月

1日 宁东基地近日发布《宁夏宁东能源化工基地8年环保行动计划》，该计划从优化发展布局、严格环境准入、加大污染治理力度、强化资源节约和污染减排、创新环境保护体制机制、完善环境管理制度和标准等方面，为有效防范区域环境风险量身订制了全方位的突围、保护措施。

2日 自治区政府与国家能源局在银川签署合作备忘录，双方将加强合作，共同建设宁夏国家新能源综合示范区。

银川市环保局公布 2015 年第三季度行政处罚案件公示清单：开出罚单 131 张，涉及水、气、烟尘，噪音污染等环境违法案件，案值 500 余万元，按日计罚最高罚款达 108 万元。

13 日 自治区林业厅与宁夏银行签订战略合作协议，宁夏银行承诺，在合作期间以各种担保方式力争投放 20 亿元信贷资金，支持宁夏林业发展。宁夏已全面完成集体林权制度基础改革，53 万户农民拿到了林权证，可以用自己手中的林权进行抵押贷款。合作期间，宁夏银行将积极开展林权抵押贷款和林农个人信用贷款业务，加大对育苗、造林、抚育、特色经济林、花卉等林业生产建设的信贷支持力度。

27 日 自治区政协召开咨政协商座谈会，就“宁夏饮用水水源地保护情况”现场问询国土、水利、环保等部门。据了解，宁夏现有城镇集中式供水水源地 46 个，农村大小水源地 466 处。自治区环保与水利部门联合对 365 处供水工程划定了水源保护区。

29 日 自治区政府近日下发《通告》，划定了宁夏贺兰山国家级自然保护区森林防火区，并规定了保护区森林防火期。这是 1988 年国务院批准贺兰山国家级自然保护区以来，宁夏首次为其划定森林防火区，并规定森林防火期。

（根据《宁夏日报》及相关文件资料整理）